最新
祝酒词

情景应对与祝酒妙语全书

肖淑琛◎著

中国文史出版社

图书在版编目（CIP）数据

最新祝酒词 / 肖淑琛著 .——北京：中国文史出版社，2014.10（2022）重印
ISBN 978-7-5034-5324-3

Ⅰ. ①最… Ⅱ. ①肖… Ⅲ. ①酒—文化—中国 Ⅳ. ①TS971

中国版本图书馆 CIP 数据核字（2014）第 212995 号

责任编辑：刘 夏
封面设计：北京高高国际文化传媒有限责任公司

出版发行：中国文史出版社
网　　址：www.wenshipress.com
社　　址：北京市西城区太平桥大街 23 号 邮编：100811
电　　话：010-66173572 66168268 66192736（发行部）
传　　真：010-66192703
印　　装：三河德利印刷有限公司
经　　销：全国新华书店
开　　本：16 开
印　　张：15 字数：140 千字
版　　次：2014 年 12 月北京第 1 版
印　　次：2014 年 12 月第 1 次印刷
定　　价：29.80 元

前言

酒，几乎伴随着人类的整个历史长河，绵延数千年而长盛不衰。源远流长的酒文化，成为社会文化、民族文化的重要组成部分。在华夏五千年文明史中，酒作为人们日常生活中最重要的食品之一，对华夏文明的形成起到了巨大的推动作用。了解中国的酒文化，对于了解华夏文明，正确认识酒的意义有重要的指导作用。

酒，作为世界客观物质的存在，它是一个变化多端的精灵。它炽热如火，冷酷像冰；它缠绵如梦萦，中毒似恶魔；它柔软如锦缎，锋利如钢刀；它无所不在，力大无穷。它能叫人超脱旷达，才华横溢，放荡无常；它能叫人忘却人世的痛苦忧愁和烦恼到绝对自由的时空中尽情翱翔；它可以让人敞开胸襟、坦诚相待、拉近距离、融通感情。

曾经，多少英雄、才子、风流人物对酒高歌，借酒明志，演绎出一幕幕千古传奇："李白斗酒诗百篇，长安市上酒家眠，天子呼来不上船，自称臣是酒中仙。"（杜甫《饮中八仙歌》）"醉里从为客，诗成觉有神。"（杜甫《独酌成诗》）南宋政治诗人张元年说："雨后飞花知底数，醉来赢得自由身。"酒醉而成传世诗作，这样的例子在中国诗史中俯拾皆是。

酒，可以让会谈者放松警惕，或用酒融通感情，使己方处于有利地位。酒不喝到一定的程度，宴会的目的就难于实现。因此，陪酒者一定要有能让客人达到那个程度的特殊办法，才能处于主动的地位，才能在宴会这个特殊的商战场合立于不败之地，才能使酒的作用得到有效发挥。从古至今，外交场、商贸会、喜宴、寿宴、朋友聚会……人们无一不在推杯换盏中吃出氛围、喝出交情、谈成美事，增进友谊，在这觥筹交错之间，祝酒自然少不了。

所谓祝酒词，是依托酒而产生的语言。关于祝酒词，人类酒文化研究中少有涉猎。可不容忽视的是，祝酒词在人际交往中发挥着尤为重要的作用，因而使我们不得不关注。最早的祝酒词一定不是正式宴会上的应答祝辞，而应该是以酒祈祀先人、神灵之时的祈祷语。随着岁月的流逝，经过后人的继承和发展，祭祀活动不但有了酒，而且祝酒词也形成了较为固定的内容和格式，最终成了一种习俗。

我们常说，一句话可以成事，也可以坏事。在酒宴上，祝酒效果怎么样，全看祝酒词说得好不好，说得好，可为酒宴添趣增辉、增进感情、消除隔阂、促成生意场上的合作，展现个人才学、彰显自我魅力，为事业成功赢得无数机遇。祝酒词说不好，则令致词者尴尬，令听者乏味，甚至会破坏良好的酒宴氛围，让想在酒桌上成事的人败兴而归。餐桌如战场，宴请无小事。喝酒只是一种形式，真正起作用的还是推杯换盏间的溢美言辞。

一桌筵席，影响人生走向；宴请上成功的祝酒词，可以改变一生。最实用有效的祝酒攻略宝典，让你拥有最优美生动的祝酒说辞。

本书共有十五章，分别阐述了祝酒词的渊源，以及在不同场景下祝酒词要点和应用技巧、酒史趣谈等，经典祝酒词范例囊括了婚庆、生日、庆功、商务、聚会、开业、开幕、闭幕等所有日常酒宴场景，内容较为全面、实用，可以满足读者的各种需要。

拥有这本书，你就可以在酒桌上畅所欲言，祝酒不用再发愁，掌握酒桌秘籍，在社交场上游刃有余，在酒桌上酣畅淋漓。

目录

第一章

趣谈祝酒文化

“酒文化”是一个既古老又应景的话题。现代人在交际过程中，已经越来越重视酒的作用。的确，酒作为一种交际媒介，在迎宾送客、聚朋会友、彼此沟通、传递友情时，发挥了独到的作用，在这里，探索一下酒桌上祝酒的“奥妙”，让您成为真正的“酒桌明星”！

第二章

文人、名士“斗酒”争艳

“对酒当歌，人生几何?”曹操的《短歌行》是何其豪迈壮阔。纵观历史，无论是古代的文人墨客还是一朝天子名将，他们与酒似乎都有着割舍不断的关联。无论促进何地，无论何种心境遭遇，古人总是寄情于酒。借酒抒怀，酒成了古代文人生命中不可缺少的一部分。

第三章

缤纷祝福的生日酒

清晨，愿我的祝福，如一抹灿烂的阳光，在您的眼里流淌；夜晚，愿我的祝福，是一缕皎洁的有月光，在您的心里荡漾！对每个人来说，生日是他一生中很特别的日子。而在生日宴会上，祝酒辞伴随着酒这种具有魅力的物质，引导人们盘点岁月，思考人生。优美的祝酒辞如散发洋 香气的玫瑰，如香甜的美酒，为寿星的生日庆典锦上添花。

第四章

百年好合的婚宴酒

千禧年结千年缘，百年身伴百年眠。天生才子佳人配，只羡鸳鸯不羡仙。在百年好合的“婚宴上”，酒是最重要的兴奋剂，而这种作用是通过祝酒辞来实现的。婚宴祝酒辞庄重雅正，辞短情深，妙趣横生，真可谓是“一席祝酒辞，顿尽万般情”！

第五章

美言一句暖三冬的励志酒

世界上所有的输赢都是人生经历的偶然和必然。只要勇敢地选择远方，你也就注定选择了胜利和失败的可能。人生路上风雨同行，难免遭遇挫折和困苦，这时，为自己喝下一杯励志酒，而适当的祝酒辞往往可帮助人们摆脱困境，邀发人们向上奋发的斗志。

第六章

久别重逢的聚会酒

相聚是缘，洒下的是欢笑，倾诉的是衷肠，珍藏的是友谊，淡忘的是忧伤，而收获的却是梦想！在人生的长河里，缘分让我们相互扶持，互相激励，共同进步。人生聚散无常，亲人、朋友和爱人在处别重逢后，共同举杯喝下一杯香醇的美酒，一句句短短的祝福就能温暖我们彼此的心田。

第七章

知恩报德的答谢酒

俗话说，滴水之恩当以涌泉相报。“知恩图报”是每个受恩的人应有的基本人格修养。而最能有效地表达谢意的方式之一是宴会上有情有色的答谢辞。答谢辞是一种最高级的致谢形式，可以有效地表达谢意，在如今社会活动日益频繁的现代社会，它发挥着越来越重要的作用。

第八章

举杯共祝福的节庆酒

古诗曰："每逢佳节倍思亲。"每到节日，人们总免不了要聚会"寒暄"一番，"寒暄"自然免不了酒。因此，节庆祝酒辞的主要特点就是要表达出人们欢庆节日的愉悦之情。

第九章

千杯美酒壮行色的送行酒

“渭城朝雨悒轻尘，客舍青青柳色新。劝君更尽一杯酒，西出阳关无故人。”古人通过诗歌，来表达朋友之间的依依惜别之情。如今，人们更习惯于为朋友准备一桌饯行宴，并送上感人至深的祝酒辞，将离别愁绪与祝福共同寓意酒中。

第十章

幽香拂面,紫气兆祥的开业酒

地上鲜花灿烂,天空彩旗沸腾。火红的事业财源广进,温馨的祝愿繁荣昌盛。在热闹的开业庆典上,人们喜气洋洋,幽香拂面,主宾互敬祝酒辞,以志喜庆贺,以表酬谢。开业祝酒辞为人们助兴,并带来无限的祝福和欢乐。

第十一章

美酒佳辞送功臣的庆功酒

“人生得意须尽欢，莫使金樽空对月。”遇到值得庆祝的事，摆上一桌庆功宴是再自然不过的事情了，但庆功宴的目的不是炫耀，借此机会感谢帮助过自己的亲朋好友，这才应该是庆功宴的真正目的所在。

第十二章

恭贺迁居之喜的乔迁酒

“乔迁”二字出自于《诗经·小雅·伐木》:“伐木丁丁,鸟鸣嘤嘤,出自幽谷,迁于乔木。”这是用于小鸟飞出深谷登上高大的乔木,用来比喻人的居所改变,步步高升。不论是在古代还是现在,每逢乔迁之喜,主人都会选上一桌上等的好筵席,邀请亲朋好友共同庆祝这美好的日子。

第十三章

你来我往喜相迎的迎宾酒

有朋自远方来,不亦乐乎。为朋友的到来接风洗尘是自古有有的事，在设宴款待时，自然要发表欢迎辞。迎宾辞言辞要热情，旨在对来宾表示欢迎和尊重，表达友好交往、增强交流与合作的心愿，营造和强化友好和谐的社交气氛。

第十四章

善始善终，杯酒言欢的开幕闭幕酒

开幕辞是党政机关、社会团体、修整业单位的领导人，在会议开幕时所作的讲话，旨在阐明会议的指导思想、宗旨、重要意义，向参会者提出开好会议的中心任务和要求。在开幕之际，举杯畅饮，借此表达对活动成功的美好祝福。而闭幕辞是一些大型会议结束时由有关领导人或德高望重者向会议所作的带有总结性、评估性和号召性的致辞。

第十五章

滚滚财源杯中来的商务酒

俗话说："无酒不成席""杯子底下好办事"。商场是没有硝烟的战场，商场需要酒，酒能拉近彼此之间的距离。商场上一次成功的酒局，更有可能直接促成一笔生意。因此，掌握商务祝酒辞的谈吐技巧便成了当务之急。

第一章

趣谈祝酒文化

“酒文化”是一个既古老又应景的话题。现代人在交际过程中，已经越来越重视酒的作用。的确，酒作为一种交际媒介，在迎宾送客、聚朋会友、彼此沟通、传递友情时，发挥了独到的作用，在这里，探索一下酒桌上祝酒的“奥妙”，让您成为真正的“酒桌明星”！

酒之起源

中国是酒的故乡。在五千年历史长河中，酒和酒文化在传统的中国文化中有其特殊的地位。在几千年的文明史中，酒几乎渗透到社会生活中的方方面面。

至于有着悠久历史的酒到底产生于何时？出自何人之手？历来就有无数的传说。酒本身具有超出凡响的魅力，关于酒来源的传说具有传奇色彩也就不足为怪了。这些传说说法不一，流传较广的主要有以下几种：

第一种，上天造酒说

自古以来，中国人就有酒是天上“酒星”所造的说法。《晋书》中有关于酒旗星座的记载：“轩辕右角南三星曰酒旗，酒官之旗也，主宴飨饮食。”轩辕，中国古称星名，共 17 颗星，其中 12 颗属狮子星座。酒旗三星，呈“一”形排列。

酒旗星的发现，最早见《周礼》一书中，据今已有近三千年的历史。二十八宿的说法，始于殷代而确立于周代，是我国古代天文学的伟大创造之一。在当时科学仪器极其简陋的情况下，我们的祖先能在浩渺的星海中观察到这几颗并不怎么明亮的“酒旗星”，并留下关于酒旗星的种种记载，这不能不说是一种奇迹。

然而，酒自“上天造”之说，既无立论之理，又无科学论据，纯属附会之说，文学渲染夸张而已，不值一信。

第二种，猿猴造酒说

关于猿猴造酒一说，在中国的历史典籍中可以找到相关记载。早在明朝时期。关于猿猴“造”酒的传说就有过记载。明代文人李日华在他的著述中，这样记载：“黄山多猿猱，春夏采花果于石洼中，酝酿成酒，香气溢发，闻数百步。”这些记载，都证明在猿猴的聚居处，常常有类似“酒”的东西被发现。

专家、学者由此推论，酒的起源当由果发酵开始，因为它比粮谷发酵更为容易。

对酒有所了解的人知道，酒是一种由发酵所得的食品，是由一种叫酵母菌的微生物分解糖类产生的。酵母菌是一种分布极其广泛的菌类，在广袤的大自然原野中，尤其在一些含糖分较高的水果中，这种酵母菌更容易繁衍滋长。而山林中野生的水果，是猿猴最主要的食物来源。猿猴在水果成熟的季节，采摘大量水果收贮于“石洼中”，天长日久，堆积的水果受到自然界中酵母菌的作用而发酵，在石洼中将一种被后人称为“酒”的液体析出，因此，猿猴在不自觉中“造”出酒来的说法，是合乎逻辑与情理的。

第三种，名人造酒说

相传夏禹时期的仪狄发明了酿酒。史籍中有多处关于仪狄“作酒而美”“始作酒醪”的记载，似乎仪狄乃制酒之始祖。这是不是事实？还有待进一步考证。

有一种说法叫“酒之所兴，肇自上皇，成于仪狄”。意思是说，自上古三皇五帝的时候。就有各种各样的造酒方法流传于民间，是仪狄将这些造酒的方法归纳总结后。使之流传于后世的。

还有一种说法叫“仪狄作酒醪。杜康作秫酒”。这里并未强调先后，似乎是讲他们做的是不同的酒。“醪”，是一种糯米经过发酵而成的“醪糟儿”，性温软，其味甜，多产于江浙一带。现在的不少家庭中，仍自制醪糟儿。醪糟儿洁白细腻，稠状的糟糊可当主食，上面的清亮汁液颇近于酒。“秫”，高粱的别称。杜康做秫酒，指的是杜康造酒所使用的原料是高粱。如果要将仪狄或杜康确定为酒的创始人的话，只能说仪狄是黄酒的创始人，而杜康则是高粱酒的创始人。至于真相到底如何，还有待进一步考证。

第四种，尧帝造酒说

尧作为上古五帝之一，传说为真龙所化，下界指引民生。尧由龙所化，对灵气极为敏感。受滴水潭灵气所吸引，将大家带至此地安居，并借此地灵气发展农业，使得百姓安居乐业。为感谢上苍，并祈福未来，尧会精选出最好的粮食，并用滴水潭水浸泡，用特殊手法去除所有杂质，淬取出精华合酿祈福之水，此水清澈纯净、清香幽长，以敬上苍，并分发于百姓，共庆安康。

第五，四特造酒说

早在五千年前，四特的新石器文明就有了酿酒的历史。江西省樟树市筑卫城遗址（新石器时代）出土的大量陶皿、酒器，以及吴城遗址（殷商时代）出土的精美青铜器，至今还默默地印证着远古时期酒文明的辉煌。今天的四特酒就是伴随着商的青铜文明而得名“四特”的。

由于酿酒技术的发明比文字的出现要早得多，所以酒的起源也就不可能有准确的记载。

祝酒“干杯”的由来

祝酒为什么要碰杯呢？到现在为止有三种说法。

一种说法是，碰杯是古希腊人兴起的。传说古希腊人注意到这一个事实，在举杯饮酒之时，人的五官可以分享到喝酒的乐趣：鼻子能嗅到酒的香味，眼睛能看到酒的颜色，舌头能够辨别酒的气味，而只有耳朵被排除在这一享受之外。怎么办呢？古希腊人想出个办法，在喝酒之前，互相碰一下杯子，杯子发出的清脆响声传到耳朵里。这样，耳朵就和其他器官一样，也能享受到喝酒的乐趣。

第二种说法是。祝酒碰杯起源于古罗马。古罗马人崇尚武功，常常开展“角力”竞技。竞技前选手们习惯饮酒，以示相互勉励之意。由于酒是事先准备的，为了防止心术不正的人在给对方喝的酒里放毒药，人们想出一种防范的方法，即在角力前，双方各将自己的酒向对方的酒杯中倒一些。此后，这样的碰杯便逐渐发展成为一种礼仪。

还有一种说法是。“干杯”一词起源于16世纪的爱尔兰，原意是烤面包。当时的爱尔兰人有这样的习惯。把一片烤面包放入一杯威士忌或啤酒中，以改善酒味及去除酒的不纯性。到了18世纪，“干杯”这个词才有了今天的含义。干杯时，人们往往还要互相碰杯，因为人们认为在喜庆的日子里魔鬼无所不在、无孔不入，但它一听见叮当声就吓得逃之夭夭，据说这与教堂敲钟是同一个意思。于是欢庆的人们互相碰杯，发出叮当的声音来驱赶魔鬼。

现代酒场礼仪

中国是文明古国，自西周时期就把礼仪规范体现在宴饮之中，一直延续了几千年，并且影响了现代人的酒礼。中国现代酒礼主要从以下几个方面得以体现：

第一是倒酒礼仪

如何倒酒？这个问题在酒桌文化越来越浓的现代社会，已是一个颇受年轻人关注的话题。那么，我们在倒酒时要遵守哪些礼仪呢？

首先，在倒酒时酒不能满杯，以 1/2 满为最好，也就是半杯。这和许多人动辄说“茶满欺人。酒满敬人”的说法有出入。后者更多的是粗人之间的牛饮，并不适合文人骚客之间的对酌。在一些重要场合，倒酒更是要遵从以 1/2 满为最好的规矩，切不可满杯。

在第一次上酒时，主人可以亲自为所有客人倒酒，不过一定要记住，要依逆时针方向进行，也就是从主人右侧的客人开始，最后才轮到自己。客人喝完第一杯酒后，可以请第二主人帮忙为他附近的人添酒。如果同时准备了红酒和白酒，请把两种酒瓶分放在桌子两端。记住绝对不要让客人用同一个杯子喝两种酒，这是基本礼貌。

第二种是敬酒礼仪

一般情况下。敬酒应以年龄大小、职位高低、宾主身份为先后顺序，一定要充分考虑好敬酒的顺序。分明主次。即使和不熟悉的人在一起喝酒，也要先打听一下对方的身份或是留意别人对他的称呼，避免出现尴尬。如果你有求于席上的某位客人，对他自然要倍加恭敬。但如果在场有更高身份或年长的人。也要先给尊长者敬酒。不然会使大家很难为情。

通常情况下。主人首先要向第一客人敬酒，然后依次向其他客人敬酒，或向集体敬酒。客人也要向第一主人回敬酒，再依次向其他主人回敬酒。晚辈应首先向最年长者敬酒，再依次向长者和同辈敬酒。向女士敬酒，或女士向客人敬酒，应举止得体，语言得当，不要失礼。在别人正在喝酒、夹菜、吃菜时。不要敬酒。

第三种是祝酒礼仪

祝酒是指在正式宴会上，由男主人向来宾提议，提出某个事由而饮酒。在饮酒时，通常要讲一些祝愿、祝福的话，甚至主人和主宾还要发表一篇专门的祝酒辞。祝酒辞篇幅越短越好。

祝酒可以随时在饮酒的过程中进行。要是致正式祝酒辞，就应在特定的时间进行，绝不能因此而影响来宾的用餐。

祝酒时进行干杯，需要有人率先提议，可以是主人、主宾，也可以是在场的人。提议干杯时，应起身站立，右手端起酒杯，或者用右手拿起酒杯后，再以左手托扶杯底，面带微笑，目视自己的祝酒对象，嘴里同时说着祝福的话。

有人提议干杯后。要手拿酒杯起身站立。即使是滴酒不沾，也要拿起杯子做做样子。将酒杯举到眼睛高度，说完“干杯”后，将酒一饮而尽或喝适量。然后，还要手拿酒杯与提议者对视一下，这个过程就算结束。

第四种是劝酒礼仪

劝酒，也是中国人表达敬意和善意的传统方式。然而不适当的劝酒行为常会导致饭桌上出现不雅行为。

如果一对好友在家对饮，尽可一醉方休，但亲友聚会、商务宴请的地方是公共场所，喝酒就应有所节制、把握分寸。醉酒容易失礼、失态、失控，让宾客双方都感到尴尬，严重时会破坏整个宴会的气氛。此外，不同地域有不同的酒文化，一些国家和地区视劝酒为不礼貌，主人若是一味劝酒，也很容易无心冒犯宾客。对一些身体虚弱的人、一些天生就不能饮酒的人、一些爱惜身体的人、一些滴酒不沾的人，最好不要劝酒。如果劝这些人多饮酒，碍于主人的情面，他们不好拒绝，只能不得已而为之，心里却十分反感，那么你的盛情好意就会被削减。

因此，最好还是将中国酒文化与现代社交礼仪相结合，达到敬酒不劝酒的礼仪新境界。

祝酒辞的语言风格特征

祝酒辞的整体语言风格要短、真、畅、幽、直、妙。

首先，祝酒辞要言简意赅。

宴会上，大家都持箸待餐，举杯待饮，客观上要求祝酒辞必须以简短的篇幅表达深意和真情。祝酒辞只有别具一格才能精炼，只有精炼才能体现其本质特征，才能在激情四溢时恰到好处地收尾，且耐人寻味。

第二，祝酒辞要真情溢于言表。

无论是接待重要的外商，还是本土企业家，或是与客商的工作聚会、与友人的小聚，酒宴上的祝福辞只有真情实意，才能让酒成为联络感情的黏合剂，用自己的真诚和酒的作用，使宾主之间肝胆相照，使陌生人成为朋友。

第三，语言一定要流畅。

流畅的语言能给人以愉悦的感觉。语言的流畅能让人感受到致辞人的信念和自身对所要表达的主题和情感的信心，也更能体现致辞人的风采。

第四，祝酒辞要幽默诙谐。

这是有智慧和修养的人才能表现出来的魅力。恰到好处的调侃、诙谐，能将酒的作用发挥到极致。幽默诙谐的祝酒辞能给宴会带来欢快的气氛，是达成宴会目的的重要条件。

第五，祝酒辞要直截了当。

祝酒辞忌讳遮遮掩掩，说话躲躲藏藏。祝酒辞要用较短的时间，将主题表达出来，因此要求直触中心，直接表明向谁祝酒、为了什么祝酒、祝福什么。说话不够直接的后果，可能是说了半天，宾客仍然不知所云。

第六，祝酒辞要妙语连珠，趣味横生。

即用连珠妙语烘托气氛。达到妙趣横生的效果。这有一定的难度，但是也有一些技巧是可以参考的。比如，引用一些名言、名句、警语，与宴会主题和现场的气氛相配合，加上自己的组合，见机而行，即便达不到妙趣横生的效果，在场人也会欣赏你的创意。

掌握了以上几个要点，便能让你的祝酒辞很精彩。

祝酒辞的结构模板

祝酒辞是日常应用写作的重要文体之一。其内容以叙述友谊为主，要求篇幅短小，文辞庄重、热情、得体、大方。

祝酒词的结构形式有“简约型”和“书面型”两种：简约型多用一两句精粹的话，把自己最美好的祝愿表达出来，有时也可以引用诗句或名言来表达自己的心意。

书面型祝酒辞全文由标题、称呼、正文和祝愿语等几部分构成。

第一部分为标题。

书面型标题可以直接写为《辞词》《祝酒辞》等，也可以由讲话者姓名、会议名称和文种构成，如《×××在××会上的祝酒辞》《×××在××宴会上的讲话》等。

第二部分为称呼。

称呼一般用泛称，可以根据到会者的身份来定，如“各位领导”“女士们、先生们”“朋友们”“同志们”等等。为了表示热情和亲切、友好之意，前面可以加修饰语“亲爱的”“尊敬的”“尊贵的”等，如“尊敬的总统阁下”“尊敬的各位来宾”等。

除正式的称呼外，在某些轻松的场合，称呼时还可以表现得诙谐点。如在一次老知青聚会上，致辞人一开头这样说道：“亲爱的贫下中农同志们，亲密的战友们”，引来了会心一笑，整个酒会的气氛瞬间变得轻松活跃起来。

如果是经常相见的老朋友相聚，自然可以省去诸多礼节，在称呼上，可以直接用“各位”，或者“朋友们”，然后直接说祝酒辞即可。

第三部分为正文。

致辞人在什么情况下，向出席者表示欢迎、感谢和问候，都是有一定讲究的。致辞人应根据宴请的对象、宴会的性质，用简洁的语言概述一下主人必要的想法、观点、立场和意见，可以追述以往取得的成绩，也可以展望未来。总之，正文是祝酒辞最主要的部分，要争取把祝酒人所要表达的情意全部表达出来。

第四部分为结尾。

常用“请允许我，为谁、为什么而干杯”这样的结构。如，在某开业庆典上，可以用“现在让我们共同举杯：为感谢各位来宾的光临，为我们的事业蒸蒸日上，为我们的财源广进，干杯!”

在新婚宴会上，可用“请各位来宾共同举杯：让我们为两位新人喜结连理，比翼双飞，干杯!”

总之，在结尾，一定要把自己的祝福倾注在“喝这杯酒的目的”上，让祝福的阳光温暖每一个人的心房。

祝酒辞的个性特点

祝酒辞是在酒席宴会的开始，主人表示热烈的欢迎、亲切的问候、诚挚的感谢，客人进行答谢并表示衷心祝愿的应酬之辞，是招待宾客的一种礼仪形式。通常来说。主人和来宾都要致祝酒辞。主人的祝酒辞主要是表达对来宾的欢迎，而来宾的祝酒辞主要是对主人热情的款待表达谢意。

热情洋溢的祝酒辞能为酒会平添友好的氛围。同时，酒也只有伴随着恰如其分的祝酒语言，才能发挥出它的最大魅力。在祝酒辞的推波助澜下，酒能让参与者畅所欲言、激情洋溢，能营造最和谐的气氛，真正成为酒宴里的精灵、友谊的桥梁……可以说，祝酒辞是控制宴会气氛、掌握宴会节奏、实现宴会目的、保证宴会效果的关键所在。

通常来说，一篇完整的祝酒辞有以下几个特点：

（1）祝酒辞的主旨重在表达祝福、寄托祝愿，祝愿美梦成真，或祝福对方生活美好、幸福等。

（2）祝酒辞的篇幅不宜太长，讲究言简意赅，而又要求意义隽永。

（3）祝酒辞的内容要极具吸引力和感染力。用词要慷慨激扬、热情洋溢，充满喜悦与期望之情，以使对方感到温暖和愉悦，受到激励与鼓舞为宜。

（4）在遣词造句上不能使用辩论、谴责、责备、批评等词句和语气。

（5）语言要口语化。宴会是生活交际的欢快乐章，只有贴近生活的口语才能让人感到亲切。

（6）祝辞要有节奏感。祝酒的语言如果有了比较好的节奏感、韵律感，会为祝酒增加感染力。祝酒辞中的韵律感和节奏感并非一定要说韵文，而是要在语言的选择上、通篇结构上，在表达的语速上有韵律感和节奏感，唤起宴会参与者心灵的节拍，合成心曲的乐章。

（7）颂扬和祝福要掌握分寸，不能夸夸其谈。过分的、夸大的赞美、溢美之词会有让对方感觉受之有愧，难免不安，同时自己也会有谄媚之嫌，因此，一定要注意好分寸。

活学活用拒酒辞

第一招：驳倒对方

酒桌上，哪怕是千言万语，无非归结一个字“喝”。如：“你不喝这杯酒，一定嫌我长得丑。”“感情深，一口闷；感情浅，舔一舔。”劝酒者把酒喝得多少与人的美丑和感情的深浅扯在一起。你可以这样驳倒它们的联系：“如果感情的深浅与喝酒的多少成正比，我们这么深的感情，哪能用一杯酒来代替？”

第二招：理性喝酒

他劝你：“喝！感情铁，喝出血！宁伤身体，不伤感情；宁把肠胃喝个洞，也不让感情裂个缝！”对于这些不理性的表现，你可以这样回答：“我们要理性消费，理性喝酒。‘留一半清醒，留一半醉，至少梦里有你追随。’我是身体和感情都不想伤害的人，没有身体，就不能体现感情，就是行尸走肉！为了不伤感情，我喝；为了不伤身体，我喝一点。”

第三招：不要水分

在拒酒时你可以展开说：“只要感情好，能喝多少喝多少。我不希望我们的感情中有那么多‘水分’。我虽然喝少了一点，但是这一点是一滴浓浓的情。点点滴滴都是情嘛！”

第四招：感情到位即可

你试试这样说：“跟不喜欢的人在一起喝酒，是一种痛苦；跟喜欢的人在一起喝酒，是一种感动。我们走到一块，说明我们感情到了位。只要感情到位了，不喝也会陶醉。”

第五招：理解万岁

你如果确实不能沾酒，就不妨说服对方，以饮料或茶水代酒。你问他：“我们俩有没有感情？”他会答：“有！”你顺势说：“只要感情有，喝什么都是酒。感情是什么？感情就是理解。理解万岁！”然后，你以茶代酒，表示一下。

第六招：请君入瓮

他要你干杯，你可以巧设“二难”，请君入瓮。你问他：“你是愿意当君子，还是愿意当小人？请你回答这个问题。”他如果说愿意当君子，你就说“君子之交淡如水”，以茶代酒；他如果说愿意当小人，你便说“我不跟小人喝酒”，然后笑着坐下，他也无可奈何。

第七招：做选择题

他要借酒表达对你的情意，你便说：“开心一刻是可以做选择题的。表达情和意，可以 A 拥抱、B 拉手、C 喝酒，任选一项。我敬你，就让你选；你敬我，就应该让我选。现在，我选择 A，好吗？”

第二章

文人、名士“斗酒”争艳

“对酒当歌，人生几何？”曹操的《短歌行》是何其豪迈壮阔。纵观历史，无论是古代的文人墨客还是一朝天子名将，他们与酒似乎都有着割舍不断的关联。无论促进何地，无论何种心境遭遇，古人总是寄情于酒。借酒抒怀，酒成了古代文人生命中不可缺少的一部分。

背着酒债当皇帝的刘邦

刘邦为汉朝开国皇帝、汉民族和汉文化伟大的开拓者之一，也是我国历史上杰出的政治家、卓越的军事家和指挥家。

刘邦起初是一个管理十里地方的泗水亭长。秦二世元年（公元前 209 年）陈胜起义时，他起兵响应，称沛公。公元前 202 年，项羽战败自杀，他登上皇位。

刘邦为人豁达，好施舍。他担任泗水亭长时，好酒好女色，常向王媪、武负两家酒馆赊酒，喝醉了就睡在酒馆里，在酒色场中随遇而安。王媪、武负看他具有异相，而且他朋友多，人缘好，每次他去酒馆时生意总是特别好，因此对他另眼相看，很有好感，年终结账时，经常撕了账单，不向他索债。由此得知，刘邦当皇帝时，还是欠着一屁股酒债的，这在中国历史上恐怕是绝无仅有的。他当皇帝后，王媪、武负两位酒馆老板更不会向他讨酒债了。他们会因为刘邦赊酒的历史而感到无比自豪和荣耀。

刘邦在位十二年（公元前 206 年 2 月—公元前 202 年 2 月在汉王位，公元前 202 年 2 月—公元前 195 年 5 月在皇帝位）。自登基后，刘邦一面平定诸侯王的叛乱，巩固统一局面；一面建章立制并采用休养生息的宽松政策治理天下，迅速恢复生产发展经济，不仅安抚了人民、凝聚了中华，也促成了汉代雍容大度的文化基础。可以说刘邦使四分五裂的中国真正地统一起来，还逐渐把分崩离析的民心凝集起来。他对汉民族的统一、中国的统一强大、汉文化的保护发扬有决定性作用。

天生刘伶，以酒为名

晋朝沛人刘伶，文采优雅娟秀，和当时名士嵇康、向秀等齐名，并因“好酒作诗”被人称为“竹林七贤”之一。

相传，刘伶家里很穷，在族人的帮助下才娶了妻，并靠朋友接济勉强度日。他嗜酒如命，出入一定要带酒。其妻看刘伶不谙生产，家徒四壁，整天不是饮酒就是吟诗，一怒之下，将酒坛砸碎，涕泪纵横地劝刘伶说：“你酒喝得太多了，这不是养生之道，还是戒了吧！”刘伶回答说：“好呀！可是靠我自己的力量没法戒酒，必须在神灵前发誓才能彻底戒掉。就烦你准备酒肉祭神吧。”妻子信以为真。听从了他的吩咐，将酒肉供在神桌前。刘伶跪下来，祷告说：“天生刘伶，以酒为名；一饮一斛，五斗解酲。妇人之言，慎不可听。”说完，取过酒肉。结果又喝得大醉。

《晋书》本传记载，刘伶经常乘鹿车，手里抱着一壶酒，命仆人提着锄头跟在车子后面跑，并说道：“如果我醉死了，便就地把我埋葬了。”他嗜酒如命、放浪形骸由此可见。

《竹林七贤论》写道：刘伶醉酒后，还常常与人生事，人家挥拳迎击，他就慢吞吞地说，我这鸡肋般的身子。怎能安得下你那尊贵的拳头呢！对方听了大笑。最后放下拳头。

作为“竹林七贤”之一，刘伶在流世传文数量上虽不及阮籍、嵇康二人，但其《酒德颂》为千古绝唱。“有大人先生者，以天地为一朝……二豪侍侧焉，如蜾蠃之与螟蛉。”这首诗，不仅写出刘伶的豪饮之状，概括了喝酒的无上境界，更充分反映了晋朝时文人的心态，即由于社会动荡不安，长期处于分裂状态，以及统治者对文人的政治迫害，文人不得不借酒浇愁，以酒避祸，以酒后狂言发泄对时政的不满。古语有“时势造英雄”，也许，正因为那个混乱的时代才成就了“嗜酒”的刘伶。

“醉吟先生”白居易，嗜酒成性

在历代文人中，陶渊明好酒，李太白好酒，苏东坡好酒，都是出了名的。而白居易好酒，也是非常著名的。他家有酒库，还把酒坛放在床头。睡前要喝，醒来也要喝；独自一人要喝，亲朋好友来时更要喝；在家中、寺观内要喝，在山野林间、溪边船头也要喝；有钱沽酒要喝，没钱卖马、典衣也要喝；有下酒菜要喝，没有下酒菜还要喝，就是吟诗、弹琴也要喝。白居易平生最喜欢两样活动，就是喝酒和登山，直到晚年时酒性难改——“见酒兴犹在，登山力未衰”。他常常喝得酩酊大醉，或笑或狂歌，“陶陶复兀兀，吾孰知其他”。

白居易每次喝酒，都诗兴大发，诗歌如流水汩汩而出：“吟诗石上坐，引酒泉边酌。”“独持一杯酒，南亭送残春。半酣忽长歌。”“遇物辄一咏，一咏倾一觞。”“一酌池上酒，数声竹间吟。独酌复独咏，不觉月平西。”“为我引杯添酒饮，与君抱箸击盘歌。”“酒引眼前兴，诗留身后名。闲倾三数酌，醉咏十余声。”直到老年时“花时仍爱出，酒后尚能饮”。这便是他在衰病时所言——“平生好诗酒”耳。

白居易虽然酒量不是最大，比不得李太白的海量——“斗酒诗百篇”，但他们有异曲同工之妙，都能醉酒作诗，汩汩不绝。我们说，没有酒，就没有李太白的许多好诗；同样，没有酒，也就没有白乐天的诸多名篇，此话绝不为过。无怪乎白公要以“醉吟先生”自号了。白居易在苏州当刺史时。因公务繁忙，用酒来排遣，他是以一天酒醉来缓解九天辛劳的。他说：不要轻视一天的酒醉，这是为消除九天的疲劳。如果没有九天的疲劳，怎么能治好州里的人民。如果没有一天的酒醉，怎么能娱乐身心。

他是用酒来进行劳逸结合的。更多的时候他是同朋友合饮。他在《同李十一醉忆元九》一诗中说：“花时同醉破春愁，醉折花枝当酒筹。”在《赠元稹》一诗中说：“花下鞍马游，雪中杯酒欢。”在《与梦得沽酒闲饮且约后期》一诗中说：“共把十千沽一斗，相看七十欠三年。”如此等等，不一而足。

白居易对作诗十分严谨，正如他自己所说：“酒狂又引诗魔发，日午悲吟到日西。”过分的诵读和书写，竟到了口舌生疮，手指成胝的地步，所以人称“诗魔”，又称为“酒魔”。白居易一生作诗3000多首，其中写到酒的就有好几百首。有许多诗题目就和酒有关，或者全诗都是写酒的。他最著名的长诗之一《琵琶行》，就是他边喝酒边听琵琶声时酝酿创作而成的。而另一首著名的长诗《长恨歌》则是好友王质夫与其话及唐明皇、杨贵妃事时，相与感叹，王举酒敬之，建议他写作而成的。

白居易逝世时，时年75岁，葬于龙门山。传说洛阳人和四方游客知白居易生平嗜酒，所以前来拜墓，都用杯酒祭奠，墓前方丈宽的土地上常是湿漉漉的，可见，他嗜酒已传遍大江南北，流传后世。

酒神苏轼，疾迷美酒终不悔

北宋文学家苏轼很早就与酒结下了不解之缘。“身后名轻，但觉一杯重。”在他看来，功名利禄不如一杯酒的分量。苏轼一生坎坷，仕途艰难，被贬了又贬，足迹遍及半个中国。晚年的他还被贬到广东惠州，三年后，又被贬去海南。

古时候，人们的寿命普遍偏短，60 岁就已经算是高寿了，苏轼的长寿应该得益于他的豁达，不在乎人生的苦难。当然这也与他从酒中获得洒脱、性情不无关系。“酒醒还醉醉还醒，一笑人间今古。”他在《行香子》中写道：“浮名浮利，虚苦劳神。”“几时归去，作个闲人，对一张琴，一壶酒，一溪云。”

苏轼的许多名篇，都是酒后之作。“明月几时有，把酒问青天”固然如此；《前赤壁赋》《后赤肇赋》等等，多少也借了酒的灵气，从而流传千古。

苏轼饮酒的“知名度”虽远不及李白、贺知章、刘伶、阮籍等，但却颇具“特色”，堪称酒德的典范。苏轼喜欢饮酒，尤喜于见客举杯，他在晚年所写的《书东臯子传后》中有一段自叙：“予饮酒终日，不过五合，天下之不能饮，无在予下者，然喜人饮酒，见客举杯徐引，则予胸中为之浩浩焉，落落焉，酣适之味，乃过于客，闲居未尝一日无客，客至则未尝不置酒，天下之好饮，亦无在予上者。”这是很有趣的自白，他的酒量不大，但却善于玩味酒的意趣。

苏轼作文吟诗之余，也爱作画，善于画枯木竹石，且颇有成就。苏轼作画前必须饮酒，黄庭坚曾为其画题诗云：“东坡老人翰林公，醉时吐出胸中墨。”他在书法上也很有成就，成为宋四家“苏黄米蔡”之一。他作文前也饮酒，曾说“吾酒后乘兴作数十字，觉气拂拂从十指中出也”。

苏轼将一坛酒埋在罗浮山一座桥下，说将来有缘者喝了此酒能够升仙。他赞惠州酒好，写信给家乡四川眉山的陆继忠道士，邀他到惠州同饮同乐，称往返跋涉千里也是值得的。他还说饮了此地的酒，不但可补血健体，还能飘飘欲仙。后来，陆道士果真到惠州找他。酒的吸引力之大、浓香之烈，由此可见一斑。

苏轼喜欢与村野之人同饮，他与百姓相处得十分融洽。“杖履所及，鸡犬皆相识。”“人无贤愚，皆得其欢心。”在他看来，“酒”的面前，人人平等，不分贵贱。在他住处附近，有个卖酒的老婆婆，叫“林婆”“年丰米贱，林婆之酒可赊”，他和林婆关系很好，常去赊酒。

与苏轼同饮者，有各色人等。他在《白鹤峰所遇》一文中写道：“邓道士忽叩门，时已三鼓，家人尽寝，月色如霜。其后有伟人，衣桄榔叶，手携斗酒，丰神英发，如吕洞宾者，曰‘子尝真一酒乎？’就坐，各饮数杯，击节高歌。”半夜来客竟是陌生的道士。

他在乡野时，一位83岁的老翁拦住他，求与同饮，二人“欣欣然”。四新桥建成后，“父老喜云集，箪壶无空携，三口饮不散，杀尽西村鸡”。他不但与文人学士同饮，也与村野父老共杯，欢乐之状溢于言表。他与村民关系十分融洽，没有一点官架子。村民们也不把他当官看，只当同龄兄弟，真情相待。

酒，在这真情中，是桥梁。苏轼的同僚与下级，“知君俸薄多啜”，常常自携壶杯去找他。苏轼与酒难舍难分。更与百姓亲密无间。苏轼不仅饮酒，还亲自酿酒。

苏轼爱酒，但没有沉溺于酒之中。在他的诗文中，也甚少借酒消愁的内容，他在饮酒赋诗时写的多是对生活的赞美和祝福。《虞美人》就是最好的例子：“持杯遥劝天边月，愿月圆无缺。持杯复更劝花枝，且愿花枝长在，莫离坡。持杯月下花前醉，休问荣枯事，此欢能有几人知，对酒逢花不饮，待何时？”

辛弃疾以酒会友，传为美谈

南宋著名的爱国词人辛弃疾，他的词慷慨激昂，笔力雄厚，以豪放词为主，被时人称为“词豪”。又因为他善于喝酒，故又有“酒豪”之美称。

和其他文人一样，辛弃疾喜欢饮酒，而且经常喝得酩酊大醉。有一次，他醉倒在松树旁边，还问松树：“我醉得怎么样？”松树当然不能回答。在醉眼蒙眬中，他误以为松树要来扶他，用手推着松树说：“去！”酒醒以后，他就挥笔写成《西江月·遣兴》，把这件令人啼笑皆非的事写了进去。

喝酒伤身，对此辛弃疾深有体会，并下决心一定要戒酒。他写了一首词《沁园春·雪》，题记为：“将止酒，戒酒杯使勿近。”意思是我将要戒酒，不要让酒杯再靠近我。然而决心虽大，但缺少实际行动，最后是江山易改，“酒”兴难移。

辛弃疾以酒会友的故事有很多，其中最为人知的就是他与陈亮的相会。

陈亮是辛弃疾的知交，也是一位爱国词人。淳熙十五年（公元1188年）冬，陈亮拜访辛弃疾。此时辛弃疾已退隐田园，并建了一座名为“带湖新居”的房屋，把附近的一条清泉取名为“瓢泉”。见到好友陈亮，辛弃疾十分高兴。他们或在瓢泉共饮，或往鹅湖寺游览。他们一边喝酒，一边纵谈国家大事，时而欢笑，时而忧愤。陈亮在铅山住了十天，才告别回去。

第二天清早，辛弃疾又赶马追去，想挽留陈亮多住几天。当他追到鹭鸶林，因雪深泥滑，不能前去，才停了下来。那天，他在方村怅然独饮，夜半投宿于吴氏泉湖四望楼，听到邻人吹笛声，凄然感伤，就写了一首《贺新郎·把酒长亭说》。词中写自己与陈亮欢饮纵谈的喜悦，对陈亮的敬爱，以及对当权者偷安误国的痛心。后来他把这首词寄给了陈亮，陈亮也写了一首词《贺新郎·老去凭谁说》寄给辛弃疾。

辛弃疾留下的词作众多，无论数量之富、质量之优，皆雄冠两宋。其中与酒有关的作品就占了绝大多数，例如《破阵子》“醉里挑灯看剑，梦回吹角连营”，《念奴娇》“休说往事皆非，而今云是，且把青樽酌”，《鹧鸪天》“掩鼻人间臭腐场，古来唯有酒偏香”。

辛弃疾的作品，无论是描写征战沙场的豪情壮志，还是享受田园风光的惬意心境，酒的作用只有一个，那就是消除心中块垒。在辛弃疾报国无门、壮志难酬的境况下，只有借酒消愁。于是，酒成为辛弃疾的文化人格中不可或缺的重要因素，成为成就辛弃疾这位一代词豪的催化剂。

诗圣杜甫：每日江头尽醉归

人们在论及诗与酒之关系时。往往只知道诗仙李白之为酒仙，而忽略了另一位诗坛高人——杜甫。严格地讲，杜甫与李白不仅在诗歌创作上双星交辉。在饮酒上也是可以并驾齐驱的。

杜甫，因其诗紧密结合时事，思想深厚，境界广阔，人称为“诗圣”。又因为一生与酒为伴。故又称为“酒圣”。在桂甫现存的一千四百多首诗文中，谈到酒的有三百首，约占总数的五分之一。

杜甫从少年时代就开始饮酒。其《壮游》诗云：“往昔十四五，出游翰墨场……性豪业嗜酒，嫉恶怀刚肠……饮酣视八极，俗物多茫茫。”这里的一个豪字，一个嗜字，一个酣字，毫不掩饰地告诉了我们杜甫不仅从小就饮酒，而且还是酒中高手。

他在《曲江二首一其二》中说：“朝回日日典春衣，每日江头尽醉归。酒债寻常行处有，人生七十古来稀。”杜甫已经到了天天都要典当衣服来买酒，而且每天都要大醉而归的程度，甚至除了典当衣服，他还要到处赊账喝酒，走到哪里都有酒债。即使是李白的“五花马，千金裘，呼儿将出换美酒”也不过如此。

杜甫和李白这两位诗中泰斗，不仅才华横溢，更有诗酒成性的喜好，而且彼此间情感深厚，如同手足。他们常常有酒同醉，有被同盖，携手同游，正所谓“余亦东蒙客，怜君如弟兄。醉眠秋共被，携手日同行”。李白后来回忆起这段美好时光，曾赋诗：“醉别复几日，登临遍池台。何时石门路，重有金樽开。飞蓬各自远，且尽手中杯。”而杜甫在怀念李白时也深情地说：“何时一樽酒，重与细论文。”这中间反复咏叹的“醉别”“金樽”“手中杯”“一樽酒”，都是在说酒，足以证明杜甫和李白不仅在诗中是知音，在酒中也是意趣相投的。

杜甫 56 岁时在夔州参加一个刺史柏茂琳的宴会，乘兴纵马飞奔，不小心从马上摔下来跌伤。朋友们看望他，提了许多酒来，于是杜甫忘了伤痛，拄着拐杖又和朋友们到山溪边去大喝起来。杜甫即席赋诗曰：“酒肉如山又一时，初筵哀丝动豪竹。共指西日不相贷，喧呼且覆杯中渌。”

在众多的饮酒诗中，堪称杰作的便是他的《醉时歌》。诗中写他和郑虔痛饮狂歌，“得钱即相觅，沽酒不复疑。忘形到尔汝，痛饮真吾师”。最后将司马相如、扬雄、孔丘、盗跖一一列出，不仅点出喝酒的必要性，而且以“生前相遇且衔杯!”作为结语，慷慨高歌，显示放逸傲岸的风度，使人读起来精神振荡。此首诗与李白的《将进酒》交相辉映，可并列为中国酒文化之极品。

和李白一样，杜甫作诗常借助于酒，“宽心应是酒，遣兴莫过诗”“何时一杯酒，重于细论文”“醉里从为客，诗成觉有神”。酒铸成了杜甫千古流芳的诗魂，酒也是他贫困坎坷人生中的一点慰藉。酒伴随杜甫一生，最终伴随他平静地走完了人生历程。

酒仙李白：会须一饮三百杯

提起唐诗，不能不提我国诗仙第一人——李白，而说起李白呢，我们又不能不提到李白诗中的酒。在他的生命中，酒是不可或缺的，因为酒是李白心灵的慰藉，酒是李白诗作的源泉与动力。缺乏美酒的滋润，李白的诗便显得有些单薄与苍白无力。后人这样说道：“李白酒杯一端，文思如泉涌，一口下肚，运笔如有神。”用他自己的诗句来说：“兴酣落笔摇五岳，诗成啸傲凌沧州。”酒之于李白，犹如鱼儿与水，相依，不可缺。酒既成就了李白，也辉煌了唐诗。

现代学者余光中先生的一首《寻李白》“……酒入豪肠，七分酿成了月光，余下的三分啸成了剑气，绣口一吐就半个盛唐。”深深地将豪放不羁的诗仙形象印入人们心中。

“将进酒，杯莫停”“五花马，千金裘，呼尔将出换美酒”，这是历史上著名“酒仙”的畅饮情景。

李白一生嗜酒，酒瘾是很大的。在给妻子的《寄内》诗中说：“三百六十日，日日醉如泥。”在《襄阳行》诗中说：“百年三万六千日，一日须倾三百杯。”在《将进酒》诗中说：“会须一饮三百杯。”这些数字虽不免有艺术的夸张，但李白的嗜酒成性却也是事实。古时的酒店里，都挂着“太白遗风”“太白世家”的招牌。

关于李白与酒的传说很多，其中有这样一段故事，李白在长安受到排挤，浪迹江湖时，一次喝醉酒骑驴路过县衙门，被衙役喝住。李白说：“天子为我揩过吐出来的食物，我亲自吃过御制的羹汤。我赋诗时，贵妃为我举过砚，高力士为我脱过鞋。在天子门前，我可以骑着高头大马走来走去，难道在你这里连小小的毛驴都骑不成吗?”衙役听了大吃一惊，连忙赔礼道歉。

李白一生写了大量以酒为题材的诗作，《将进酒》《山中与幽人对酌》《月下独酌》等最为大家熟悉。其中《将进酒》可谓是酒文化的宣言：“君不见黄河之水天上来，奔流到海不复回。君不见高堂明镜悲白发。朝如青丝暮成雪。人生得意须尽欢，莫使金樽空对月。……烹羊宰牛且为乐。会须一饮三百杯!”如此痛快淋漓豪迈奔放。难得的是，李白在这里极力推崇“饮者”。为了饮酒，五花马、千金裘都可以用来换取美酒，其对于酒之魅力的诠释，确已登峰造极。

饮酒给李白带来许多快乐，他在诗中说“且乐生前一杯酒，何须身后千载名”，高唱“百年三万六千日，一日须饮三百杯”，要“莫惜连船沽美酒，千金一掷买春芳”，要“且就洞庭赊月色，将船买酒白云边”，一会儿“高谈满四座，一日倾千觞”，一会儿又“长剑一杯酒，丈夫方寸心”。这使我们感到酒已经成了李白生命不可或缺的一部分。

李白的出现，把酒文化提高到了一个崭新的阶段，他在继承历代酒文化的基础上，通过自己的大量实践，以开元以来的经济繁荣作为背景，以诗歌作为表现方式，创造出具有盛唐气象的新一代酒文化。

李白 60 多年的生活，没有离开过酒。他在《赠内》诗中说：“三百六十日，日日醉如泥。”李白痛饮狂歌，给我们留下了大量优秀的诗篇，但他的健康却为此受到损害。使得他 62 岁便魂归碧落。

李白的一生其实是怀才不遇的一生，他的诗既洋溢着酒的气息，又散发出愁的滋味，酒是他忧愁时唯一的朋友，是他惆怅时精神上的知心伴侣。他借诗以抒怀，又以酒为诗添翼，然而此中有真意，欲说已忘言，他和酒彼此之间的这份深情。是一般人无法达到的，这也是李白之所以成为李白的原因吧。

第三章

缤纷祝福的生日酒

清晨，愿我的祝福，如一抹灿烂的阳光，在您的眼里流淌；夜晚，愿我的祝福，是一缕皎洁的有月光，在您的心里荡漾！对每个人来说，生日是他一生中很特别的日子。而在生日宴会上，祝酒辞伴随着酒这种具有魅力的物质，引导人们盘点岁月，思考人生。优美的祝酒辞如散发洋 香气的玫瑰，如香甜的美酒，为寿星的生日庆典锦上添花。

生日宴会敬酒的艺术

生日宴会一般宴请的都是亲戚、邻居、朋友以及熟知的同事。参加这样的宴会，无论是东道主还是客人，都要先把敬酒礼仪学好，因为懂得敬酒能体现你的体贴，让人感觉到你的修养。敬酒是一门艺术，其要诀在于如何掌握时机、发挥口才，以及适时道出心底话。敬酒的技巧千变万化，即使杯中装的只是饮料或水，也可借象征性的动作达到敬酒效果，因为在兴奋的一刹那，在主人与宾客之间便立刻产生出隆重的气氛。

一般来说，敬客人时敬多了很不尊重，但是重要客人敬多了是可以的。别人敬酒时，不要乱掺和。另外，作为副手，敬酒也有技巧，一般要委婉地说“代老板敬您一杯”，这样可以兼顾双方地位的微妙差别。

在他人敬酒或致辞时，其他在场者应一律停止用餐或饮酒。应坐在自己的座位上，面向对方认真地洗耳恭听。对对方的所作所为，不要小声讥讽，或公开表示反感对方的啰嗦。

中国人的好客习俗。在酒席上表现得淋漓尽致。人与人的感情交流往往在敬酒时得到升华。中国人敬酒时，往往都想让对方多喝点酒，以表示自己尽到了主人之谊。客人喝得越多，主人就越高兴，说明客人看得起自己，如果客人不喝酒，主人就会觉得有失面子。虽然说自古有“无酒不成席”的说法，但是古人也并不讲究“感情深，一口闷”，反而认为劝酒时强人所难是失礼的。

在传统礼仪中。有专门的宴席礼仪。酒在宴席中的作用与菜肴相等，所以宴席亦称“酒席”。在古时。酒在宴席中不仅是“礼”

的需要，更起着“乐”的作用。依酒成礼，借酒助兴，以酒作乐。敬酒之礼也很复杂、繁琐。敬酒的次数、快慢、先后，由何人敬酒、如何敬酒都有礼数，不能马虎。

但古代宴席也有礼貌待客的传统，因而对缺乏酒量甚至滴酒不沾的宾客并不强人所难，而是采用其他饮料代替。对此，《汉书·楚元王传》就记载道：“元王敬礼申公等，穆生不耆酒，元王每置酒，常为穆生设醴。”“醴”是酒精度不高的甜酒。有据可查的是，古时就有以茶代酒的礼仪，《三国志·吴书·韦曜传》就记载过这样的场景，吴主孙皓宴客，韦曜不善饮酒，孙皓于是赐茶水以当酒。

在生日宴会上，不管是主人还是客人，都要把握好敬酒、饮酒的度，主人不强人所难，客人不逞强，保持风度，做到“饮酒不醉为君子”。

饮酒限量

在宴会上不要争强好胜，放作潇洒，饮酒非要“一醉方休”不可。饮酒过多，不仅易伤身体，而且容易出丑，惹是生非。我国的古语里早就有“酒是伤人物”“酒乃色媒人”之说，饮酒时勿忘以之自警。在饮酒之前，应根据既往经验，对自己的酒量心知肚明。不要碰上何种情况，都想超水平发挥。在正式的酒宴上。特别要主动将饮酒限制在自己平日酒量的一半以下，免得醉酒误事。

依礼拒酒

假如因为生活习惯或健康等原因不能饮酒，可采用下列合乎礼仪的方法，拒绝他人的劝酒。方法之一，申明不能饮酒的客观原因。方法之二，主动以饮料代酒。方法之三，委托亲友、部下或晚辈代为饮酒。方法之四，执意不饮杯中之酒。

不要在他人为自己斟酒时又躲又藏、乱推酒瓶、敲击杯口、倒扣酒杯、把自己的酒倒入别人杯中，尤其是把自己喝了一点儿的酒倒入别人杯中，更是不对的。

父母生日祝酒辞

范文在线赏析

【场合】寿宴

【人物】寿星、亲友、嘉宾【致辞人】儿子

尊敬的各位领导、各位长辈、各位亲朋好友：

大家好！

在这喜庆的日子里，我们高兴地迎来了敬爱的父亲（母亲）××岁的生日。今天，我们欢聚一堂，举行父亲（母亲）××华诞庆典。这里，我代表我们兄弟姐妹和我们的子女们大小共××人，对所有光临寒舍参加我们父亲（母亲）寿礼的各位领导、长辈和亲朋好友们，表示热烈的欢迎和衷心的感谢！

我们的父亲（母亲）几十年含辛茹苦、勤俭持家，把我们一个个拉扯长大成人。常年的辛勤劳作，使他们的脸上留下了岁月刻画的年轮，头上镶嵌了春秋打造的霜花。所以，在今天这个喜庆的日子里，我们首先要说的就是，衷心感谢二老的养育之恩！

……

我们相信，在我们弟兄姐妹的共同努力下，我们的家业一定会蒸蒸日上，兴盛繁荣！我们的父母一定会健康长寿、老有所养、老有所乐！

最后，再次感谢各位领导、长辈、亲朋好友的光临！

再次祝愿父亲（母亲）晚年幸福、身体健康、长寿无疆！干杯！

领导生日祝酒辞

范文在线赏析

【场合】生日宴会

【人物】寿星、全体公司成员、朋友

【致辞人】同事代表

各位朋友、各位来宾：

你们好！

今天是×××先生的生日庆典，受邀参加这一盛会并讲话，我深感荣幸。在此，请允许我代表×××并以我个人的名义，向×××先生致以最衷心的祝福！

×××先生是我们××公司的重要领导核心之一。他对本公司的无私奉献我们已有目共睹，他那份"有了小家不忘大家"的真诚与热情，更是多次打动过我们的心弦。

……

他对事业的执著令同龄人为之感叹，他的事业有成更令同龄人为之骄傲！

在此，我们祝愿他青春常在，永远年轻！更希望看到他在步入金秋之后，仍将傲霜斗雪，流香溢彩！

人海茫茫，我们只是沧海一粟，由陌路而朋友，由相遇而相知，谁说这不是缘分？路漫漫，岁悠悠，世上不可能还有什么比这更珍贵。我真诚地希望我们能永远守住这份珍贵。在此，请大家举杯，让我们共同为×××先生的××华诞干杯！

朋友生日祝酒辞

范文在线赏析

【场合】生日宴会

【人物】寿星、亲友

【致辞人】好友

各位来宾、各位亲爱的朋友：

晚上好！

烛光辉映着我们的笑脸，歌声荡漾着我们的心湖。踏着金色的阳光，伴着优美的旋律，我们迎来了××先生的生日，在这里我谨代表各位好友祝××先生生日快乐，幸福永远！

在这个世界上，人不可能没有父母，同样也不可以没有朋友。没有朋友的生活犹如一杯没有加糖的咖啡，苦涩难咽，还有一点淡淡的愁。因为寂寞，生命将变得没有乐趣，不复真正的风采。

朋友是我们站在窗前欣赏冬日飘零的雪花时手中捧着的一盏热茶；朋友是我们走在夏日大雨滂沱中时手里撑着的一把雨伞；朋友是春日来临时吹开我们心中郁闷的那一丝春风；朋友是收获季节里我们陶醉在秋日私语中的那杯美酒……

来吧，朋友们！让我们端起芬芳醉人的美酒，为××先生祝福！祝你事业正当午，身体壮如虎，金钱不胜数，干活不辛苦，浪漫似乐谱，快乐莫你属！干杯！

满月祝酒辞

范文在线赏析一

【场合】满月宴

【人物】宝宝及父母、亲友、嘉宾

【致辞人】父亲

各位来宾、亲朋好友：

大家好！

此时此刻，我的内心是无比激动和兴奋的，为表达我此时的心情，我要向各位三鞠躬。

一鞠躬，是感谢。感谢大家能亲身到××酒家和我们分享这份喜悦。

二鞠躬，还是感谢。因为在大家的关注下，我和妻子有了宝宝，升级做了父母，这是我们家一件具有里程碑意义的大事。虽然做父母只有一个月的时间，可我们对“不养儿不知父母恩”有了更深的理解，也让我们怀有一颗感恩的心。除了要感谢生我们、养我们的父母，还要感谢我们的亲朋好友、单位的领导同事。正是各位的支持、关心、帮助才让我们感到生活会更甜蜜，工作会更顺利。也衷心希望大家一如既往地支持我们、帮助我们。

三鞠躬，是送去我们对大家最衷心的美好祝愿。祝大家永远快乐、幸福、健康。

今天，我们在××酒家准备了简单的酒菜，希望大家吃好、喝好。如有招待不周之处，请多多包涵。现在，我提议：让我们举起酒杯，为我儿子美好的明天，也为在座诸位的健康，干杯！

范文在线赏析二

【致辞人】小寿星父亲的朋友

【致辞背景】在女儿满月宴上致祝酒辞

各位来宾、各位朋友：

佳节方过，喜事又临。今天是我们×××先生的千金满月的大喜日子，在此，我代表来宾朋友们向×××先生表示真挚的祝福。

在过去的时光中。当我们感悟着生活带给我们的一切时，我们越来越清楚人生最重要的东西莫过于生命。×××先生在工作中是一个严谨、奋进、优秀的人，相信他也会做一个好父亲。他奉献给这美丽新生命的一定是无比美妙的歌声。

让我们祝愿这个新的生命——×××先生的千金。也祝愿各位朋友的下一代。在这个祥和的社会中茁壮成长，成为国家栋梁之才！为大家的健康，为我们的快乐，干杯！

百天祝酒辞

范文在线赏析

【致辞人】小寿星的父亲

【致辞背景】在儿子百天宴上致祝酒辞

各位亲朋好友：

大家晚上好。

今天是我儿子×××的百天日，很高兴各位亲朋好友能够在百忙之中抽出时间为我们庆贺，首先让我代表我的家人向各位的到来表示最衷心的感谢！感谢你们的光临！感谢你们的祝福！感谢你们多年来对我们的大力支持！

这些年来，本人得到了各位朋友的热情关怀和无私帮助，我们处处得到照顾、时时感到温暖，使我虽身在他乡，却亲如故乡，情如甘泉，而且能够在这里扎根、发展，到如今又中年得子，了却人生一件大事，此时此刻我知道了什么是人间的幸福，终于感到了做父亲的光荣，更加明确了今后的奋斗方向。

朋友们，现在就让我们趁着良宵美景，借朗朗明月，举杯畅饮，欢聚一堂，共叙情怀，干杯！

周岁宴祝酒辞

范文在线赏析

【致辞人】小寿星的母亲

【致辞背景】在女儿周岁宴上致祝酒辞

各位领导、各位亲友：

新年好！

首先对大家今天光临我女儿的周岁宴会表示最热烈的欢迎和最诚挚的谢意！此时此刻，此情此景，我和丈夫心情很激动。面对这么多的亲朋好友济济一堂为我女儿的周岁生日庆祝，我们感慨颇多，想“借题发挥”，一吐为快。

为人父母，方知辛劳。女儿今天刚满一周岁，在过去的365天中，我和丈夫尝到了初为人母、初为人父的幸福感和自豪感，但同时也真正体会到了养育儿女的无比辛劳。今天在座的有我的父母。还有公公婆婆，对于他们30多年的养育之恩，我们无以回报。今天借这个机会向四位老人深情地说声：谢谢你们！我们衷心地祝你们健康长寿！

助我者朋友也。这些年来，我和丈夫以朴实与友善结交了许多好朋友。在过去的日子里，在座的各位朋友曾给予我们许许多多无私的帮助，让我们感到无比的温暖。人们常说："亲戚是命中注定的，朋友是自己选择的。""财富不是朋友，朋友却是财富。"今天，我和丈夫为有这样一笔宝贵的财富而感到骄傲和自豪。在此，请允许我代表我们一家三口向在座的各位亲朋好友表示十二万分的感激！在现在和未来的时光里，我们仍奢望各位亲朋好友善意地批评教导，真诚地提携奖掖。

今天以我女儿周岁生日的名义相邀各位至爱亲朋欢聚一堂，菜虽不丰，但是我们的一片真情；酒纵清淡，但是我们的一份热心。若有不周之处，还盼各位海涵。

来，让我们共同举杯，祝各位新年吉祥，万事如意！干杯！

三十岁生日祝酒辞

范文在线赏析

【场合】生日宴

【人物】寿星、嘉宾

【致辞人】寿星

各位亲爱的朋友：

非常感谢大家的光临，来庆祝我的三十岁生日。

常言道：三十岁是美丽的分界线。三十岁前的美丽是青春，是容颜，是终会老去的美丽。而三十岁后的美丽，是内涵，是魅力，是永恒的美丽。

如今我已三十岁，与二十岁的天真烂漫相比，已经不见了清纯可爱的笑容，与二十五岁的健康活泼相比，已经不见了咄咄逼人的好胜。但接连不断的得失过后，换来的是我坚定的自信、处变不惊和一颗宽容忍耐的心。

三十岁，这是人生的一个阶段，无论这个阶段将发生什么，我都将怀着感恩的心情说“谢谢”！谢谢父母赐予我的生命，谢谢我生命中健康、阳光的三十岁，谢谢三十岁时我正拥有的一切！

我是幸运的，也是幸福的。我从事着一份平凡而满足的工作，上天赐予我一个爱我的老公和一个健康聪明的孩子；健康、关爱我的父母给了我一份内心的踏实，和我能真正交心的知己使我的内心又平添了一份温暖。我希望，在今后的人生之路上，自己能走得更坚定。

为了这份成熟，为了各位的幸福，干杯！

六十岁生日祝酒辞

范文在线赏析

【场合】生日宴

【人物】寿星、家人、嘉宾

【致辞人】女儿

尊敬的各位朋友、来宾：

你们好！

值我父亲花甲之年生日庆典之日，我代表我的父母、我们姐弟二人及我的家族向前来光临寿宴的嘉宾表示热烈的欢迎和最诚挚的谢意！

我们在场的每一位都有自己可敬的父亲，然而，今天我可以骄傲地告诉大家，我们姐弟有一位可亲、可敬、可爱的世界上最最伟大的父亲！

爸爸，您老人家含辛茹苦地抚养我们长大成人，多少次，我们把种种烦恼和痛苦都洒向您那饱经风霜、宽厚慈爱的胸怀。爸爸的苦、爸爸的累、爸爸的情、爸爸的爱，我们一辈子都难以报答。爸爸，让我代表我们姐弟，向您鞠躬了！

在此，我祝愿爸爸您老人家福如东海水，寿比南山松。愿我们永远拥有一个快乐、幸福的家庭。

最后，祝各位嘉宾万事如意，让我们共同度过一个难忘的今宵，谢谢大家！干杯！

百岁生日宴祝酒辞

范文在线赏析

【场合】寿宴

【人物】寿星、亲友、领导、师生代表

【致辞人】校领导

各位老师、各位来宾：

今天我们济济一堂，隆重庆祝××先生百岁华诞。在此，我首先代表学校并以我个人的名义向××先生表示热烈的祝贺，衷心祝愿××先生身体健康！同时，也向今天到会的各位老师表示诚挚的谢意，感谢大家多年来为××系的发展、特别是××学科建设所作出的积极贡献！

××先生是××学科的开拓者和学术带头人之一，也是我国××研究领域的一位重要奠基人。××先生德高望重，学识渊博，在长达六十年的教学和研究生涯中，他淡泊名利，不畏艰难，孜孜不倦，不仅为××系而且为当代中国的××学科建设以及人才培养作出了卓越的贡献。

××先生不仅著书立说，为学术界贡献了许多足以嘉惠后学的优秀学术论著，而且教书育人，言传身教，培养了许多优秀的人才。

几十年来，××先生以自己的学识和行动，深刻影响和感染了他周围的同事和学生，为后辈树立了道德和学术的楷模。

在××先生百岁寿辰之际举行这样一个庆祝会，重温他的学术经历，是非常有意义的，必将激励大家以××先生为榜样，进一步推进全校的师德建设和学科建设。

最后，再次衷心祝愿××先生身体健康！祝××系更加蓬勃发展！请大家干杯！

谢谢大家！

生日致辞盘点

这是郁金香的日子。也是你的日子。愿你每年这一天都芬芳馥郁！

今天是你生日，很想和你一起过。水仙花开了，等你回来。祝生日快乐，开心永远。

一年中，今天是属于你的：你的生日。我祝贺你。这张贺卡，还有真诚的心，都是属于你的。

娇艳的鲜花，已为你开放；美好的日子，已悄悄来临。祝你生日快乐！

今天有了你世界更精彩，今天有了你星空更灿烂，今天因为你人间更温暖，今天因为你我感觉更幸福！

真的很想在你身边，陪你度过这美好的一天，我心与你同在。爱你在心口。

我愿是叶尖上的一滴水珠，从清晨到夜晚对你凝视，在这个特殊的日子里，化为一声默默的祝福。

有树的地方，就有我的思念；有你的地方，就有我深深的祝福，祝你生日快乐！

今天是你的生日，但你不在我的身边。在这春日的风里，做一只风筝送你，载有我无尽的思念。

这一份爱意深深埋藏于心底整整澎湃了一个世纪的轮回，直到相聚的日子来临才汹涌成鲜丽欲燃的炽情，生日快乐！

梦中萦怀的母亲，您是我至上的阳光，我将永远铭记您的养育之恩——值此母亲寿辰，敬祝您健康如意，福乐绵绵！

火总有熄灭的时候，人总有垂暮之年，满头花发是母亲操劳的见证，微弯的脊背是母亲辛苦的身影…一祝福年年有，祝福年年深！

您用母爱哺育了我的灵魂和躯体，您的乳汁是我思维的源泉，您的眼里系着我生命的希冀。我的母亲，我不知如何报答您，仅祝您生日快乐！

第四章

百年好合的婚宴酒

千禧年结千年缘，百年身伴百年眠。天生才子佳人配，只羡鸳鸯不羡仙。在百年好合的“婚宴上”，酒是最重要的兴奋剂，而这种作用是通过祝酒辞来实现的。婚宴祝酒辞庄重雅正，辞短情深，妙趣横生，真可谓是“一席祝酒辞，顿尽万般情”！

宾客敬酒礼仪

在场面盛大的婚宴上，务必准备麦克风，让每一个向新人敬酒的宾客都有麦克风可使用，避免来宾听不清祝酒辞的尴尬。你会发现，把整个婚宴敬酒过程录像保存下来，是个不错的主意。因为经由录像，如此重要的一件人生大事将留下弥足珍贵的记录，并在日后带给你许多乐趣。

无论是在排练晚餐还是在正式的婚宴上，敬酒都是极为重要且不可或缺的一环。不过，如同种种历史久远的礼仪一般，敬酒时，也有若干礼节应该加以遵循。例如：

接受敬酒的人不必喝酒，只需坐在座位上，微笑面对敬酒者。

要敬酒时，如果席间有十位宾客或更多，务必站起来。如果是在人数较少、彼此都熟识的场合，则可以坐着敬酒。为了引起他人的注意，可以先说句开场白，如“各位女士，各位先生，我想向×××先生（小姐）敬个酒”，或者也可以不必说得那么正式，只要声音比正常说话时大一点儿说“现在我想说一些话”。不过。如果你是以敲杯沿的方式来引起他人注意，可千万不要太过用力，以免把杯子敲碎了。

婚宴上每一次敬酒时间不宜超过三分钟。因此，应该避免东拉西扯没完没了。向新人致意时，话语中可以表达关怀，语言幽默风趣、率真感人，甚至可以戏谑。这些都无伤大雅。你的态度可以严肃，也可以机敏谐趣。不过，最重要的是你应该事先演练一番。

婚嫁祝酒辞结构及注意事项

婚嫁祝酒辞是在结婚典礼仪式上发表的，以赞颂新郎、新娘的人品，夸奖郎才女貌的般配，并祝愿他们婚后幸福美满、白头偕老等为中心内容的演讲。其内容多种多样，重点在于给予良好的祝愿，没什么约束和规定，只要符合喜庆气氛就好。

婚嫁酒宴的祝酒辞包含以下几部分：

第一部分为称呼

由于祝酒辞人身份的不同，因此称呼自然也是各不相同。

第二部分为开头

如果是亲朋好友或者是单位领导致辞，首先应该对新郎、新娘的幸福结合表示祝贺，如“良辰美景，新人成双。今天，××和××喜结连理，我向你们表示由衷的祝福，衷心祝愿你们幸福美满，白头偕老！”

如果是新郎或新娘的父母致祝酒辞，首先应该对来宾表示感谢。如“今天是犬子与××小姐的大喜之日（今天是小女和××先生的大喜之日）。作为新郎（新娘）的父亲，我谨代表全家向大家百忙之中赶来参加××和××的结婚典礼表示衷心的感谢和热烈的欢迎！”

如果是新郎致祝酒辞，首先应该对所有来宾表示感谢。如“今天我和××小姐结婚，我们的长辈、亲戚、知心朋友和领导在百忙之中远道而来参加我们的婚礼庆典，在此，我谨代表我的妻子、我的家人欢迎大家的到来，感谢领导的关心，感谢朋友们的祝福。谢谢!”

第三部分为正文

正文部分。如果是亲朋好友或者是单位领导致辞，那么应该叙述几句对他们结婚一事的感想。最好讲一些自己了解的有关新郎、新娘之间的爱情经历。

如果是新郎或新娘的父母致祝酒辞，自然是要表达对新郎、新娘的祝贺，以及长辈的殷切希望。

如果是新郎致祝酒辞，可以说说浪漫的爱情史。比如：一见钟情结合，还是志趣相投结合，或是历尽艰辛结合在一起等，可以表达对父母的感激之情。

第四部分为结尾

结尾部分，如果是亲朋好友、长辈父母致辞，应当是对新郎和新娘的未来表示美好的祝愿。如“我祝你们小夫妻月圆花好，白头到老!”“祝你们相亲相爱，永结同心，携手百年!”“祝你们早生贵子，永远幸福。”

如果是新郎致祝酒辞，自然是对来宾表示祝福。如“祝各位万事如意，合家幸福。”

总之，祝酒辞的内容是丰富多彩的，形式是不拘一格的。越贴近新人实际，越结合现场实际，则越亲切，越有喜庆气氛。

一篇好的祝酒辞需要做到：突出一个“赞”字，写出一个“趣”字，多用一些“喜”字。

第一，要突出一个“赞”字

客人的祝酒辞要以赞为主，用主要的篇幅来赞美新郎、新娘以及他们的恋爱姻缘的美满。要赞美新郎、新娘的美好品德，温良敦厚的性格，积极向上的追求，俊美出众的才貌，赞美他们恋爱、婚姻的志同道合，恩爱甜蜜，鱼水和谐等。这样写不仅能把祝贺的情感表达得热烈真切，富有感染力，而且内容充实饱满。新郎的祝酒辞要用主要的篇幅赞美自己的双亲，赞美新娘，赞美新娘的双亲，这样一来，就使这篇祝酒辞言之有物。

第二，要写出一个“趣”字

就是要写得妙趣横生，趣味无穷。婚礼祝辞是使人“乐”的演讲，使新郎、新娘“乐”，使来宾“乐”，使大家在欢声笑语中度过这段吉庆的时光，留下美好的回忆。趣能生乐，所以，“趣”是婚礼祝辞不可缺少的一个要素，婚礼祝酒辞一定要写出一个“趣”字。要写出一个“趣”字，就要从不同的婚礼特点出发，发现趣点，调动一切有效的艺术手法，写出喜剧效果来。当然，可不是那种故作滑稽的低俗、庸俗。

第三，多用一些“喜”字

就是多用一些喜庆的字眼，讲出喜庆气氛。婚礼上最突出的特点就是“喜”，你看，到处披红挂绿，张贴大红“喜”字，高朋满座、谈笑风生、喜气盈门。当新郎、新娘双双步入殿堂，掌声四起的时候，一篇喜气洋溢的婚礼致辞，就会使喜上加喜，高潮迭起。要在一篇简短的婚礼祝酒辞中营造出浓烈的喜庆气氛，就要多用些喜庆的字词，诸如喜、良、吉、佳、红、新、美等，这样才能与热烈的祝贺之意相辅相成，相得益彰。

主持人祝酒辞

范文在线赏析

【主题】婚嫁祝酒

【场合】婚嫁宴会

【人物】新郎、新娘及双方的亲友、嘉宾

【致辞人】主婚人

尊敬的各位来宾、女士、先生们：

大家好！今天，是×××先生和×××小姐的大喜之日。在此，我首先向新郎、新娘表示热烈祝贺。向来参加婚礼的来宾朋友表示热烈欢迎和衷心的感谢。

月下老人巧牵线，世间青年喜成婚。×××先生精明强干、思想进步，×××小姐秀外慧中、美丽善良，他们是一对积极向上的好青年。他们两人经过相识、相爱、相盼、相守，最终达到今天完美结合，他们的爱情是真诚的、永恒的。他们的婚姻是幸福的、神圣的。

我以主婚人的名义并代表大家希望一对新人在家互敬互爱、尊老爱幼、合理分工、和睦相处，在外相互支持、相互鼓励、比翼双飞，用忠心、孝心、诚心、爱心、恒心处理家庭和工作问题。

证婚人祝酒辞

范文在线赏析

【主题】婚嫁祝酒

【场合】婚嫁宴会

【人物】新郎、新娘及双方的亲友、嘉宾

【致辞人】证婚人

尊敬的各位来宾：

大家好！

今天，我蒙新郎、新娘错爱，担任×××先生同×××小姐结婚的证婚人，感到万分荣幸。

在这神圣而又庄严的婚礼仪式上，我能为这对珠联璧合、佳偶天成的新人作证致婚辞而感到分外荣幸，这也是我难得的机遇。

新郎、新娘均为新时代的杰出青年。新郎×××大学毕业后，凭着自身的聪明才智与不懈的理想追求，积极进取，努力拼搏，已跻身于企业高管人才的行列；新娘×××，也是×××大学毕业，后又考取北大研究生，“巾帼何须让须眉，敢与日月争光辉”，现在也成为一名高管人才。

二人自大学相识相恋，历经11年爱之旅程。11年，共同浇灌爱情树，根深蒂固，一枝一叶总关情；11年，彼此呵护共风雨，山盟海誓，经受任何考验与洗礼；11年，携手踏上创业路，互相勉励，历尽艰辛化坦途；11年，情独钟，爱无怨，山可证，水可鉴，比翼双飞翔蓝天，山高水远共婵娟。

今生的缘分使他们走到一起，踏上婚姻的红地毯，从此美满地生活在一起。上天不仅让这对新人相亲相爱，还会让他们的孩子们永远幸福下去。

此时此刻，新娘、新郎结为恩爱夫妻，从今以后，无论贫富、疾病、环境恶劣、生死存亡，你们都要一生一心一意、忠贞不渝地爱护对方。在人生的旅程中永远心心相印、白头偕老、美满幸福。

让我们斟满酒，举起杯，共同祝愿二位新人永浴爱河，家庭美满。爱情之树结硕果，创业路上奏凯歌。

谢谢大家!

新郎父母祝酒辞

范文在线赏析

【主题】婚嫁祝酒

【场合】婚嫁宴会

【人物】新郎、新娘及双方的亲友、嘉宾

【致辞人】新郎父亲

两位亲家、尊敬的各位来宾：

大家好!

今天是我儿子与××小姐喜结良缘的大喜日子，在这美好时刻：首先，我们非常感谢大家盛情捧场、拨冗光临！其次，非常感谢各位领导、各位来宾过去对他们的关心和呵护：今后还望继续对他们予以更多的关照与厚爱。以便让他们今后更加互敬互励，互爱互助，在建设好他们自己小家庭的同时，为社会这个大家庭在各自的岗位上做出更多、更大的贡献！

我们还要由衷地感谢××小姐的父母，是他们辛勤地养育、精心地培育了××，更是他们让这只金凤凰飞入我们家。

缘分使我的儿子与××小姐结为百年夫妻，身为父母感到十分高兴。他们通过相知、相悉、相爱，到今天成为夫妻，从今以后，希望他们能互敬、互爱、互谅、互助，以事业为重，用自己的聪明才智和勤劳双手去创造自己美好的未来。

祝愿二位新人白头到老，恩爱一生，在事业上更上一个台阶，同时也希望大家在这里吃好、喝好！

来！让我们共同举杯，祝大家身体健康、合家幸福，干杯！

新娘父母祝酒辞

范文在线赏析

【主题】婚嫁祝酒

【场合】婚嫁宴会

【人物】新郎、新娘及双方的亲友、嘉宾

【致辞人】新娘父亲

各位来宾、各位至亲好友：

大家好！

今天是我的女儿××、女婿××结婚的大喜日子，各位亲朋好友在百忙之中前来祝贺，我代表全家向各位朋友的到来，表示热烈的欢迎和衷心的感谢！

作为新娘的父亲，借此良机对我的女儿、女婿提出如下要求和希望：希望你们俩要把今天领导的关心，大家的祝福变成工作上的动力，为祖国的富强，你们要在各自的工作岗位上多献青春和力量，携手并肩，比翼齐飞。从今天起，你们俩要互敬互爱，在人生漫长的道路上建立温馨幸福的家。希望你们俩同甘共苦、共创业，永结同心，百年好合。

在这里还需要一提的是，我非常高兴我的亲家培养了一个优秀的好儿郎，我也非常庆幸我们家得到一位能干、孝顺的好女婿。我真诚地希望新亲、老亲互相往来，世世代代友好相处。

今天，为答谢各位嘉宾、各位朋友的深情厚意，借××酒店这块宝地，为大家准备点清茶淡饭，不成敬意。菜虽不丰，是我们的一片真情；酒虽清淡，是我们的一片热心。若有不周之处，还望各位海涵。

另外，我要感谢主持人幽默、口吐莲花的主持，使今天的结婚盛典更加热烈、温馨、祥和。

让我再一次谢谢大家。干杯！

新人祝酒辞

范文在线赏析

【主题】婚嫁祝酒

【场合】婚嫁宴会

【人物】新郎、新娘及双方的亲友、嘉宾

【致辞人】新郎

尊敬的各位领导，亲朋好友们：

大家好！

今天我非常开心和激动，一时间纵有千言万语却不知从何说起。但我知道，这万语千言最终只能汇聚成两个字，那就是“感谢”。

感谢我们的长辈、亲戚、知心朋友和领导在百忙之中远道而来参加我们的婚礼庆典，给今天的婚礼带来了欢乐，带来了喜悦，带来了真诚的祝福。

借此机会，要感谢××的父母，我想对您二老说，您二老把手上唯一的一颗掌上明珠交付给我这个年轻人保管，谢谢你们对我的信任，我绝不会辜负你们的托付，但我要说，可能这辈子我也无法让你们女儿成为世界上最富有的女人，但我会用我的生命使她成为世界上最幸福的女人。

同样，我也要感谢可敬可爱的父母把我养育成人，让我拥有今天美好的人生。

请大家与我们一起分享这幸福快乐的时光。

最后，祝各位万事如意、合家幸福。

谢谢！

婚宴祝酒辞盘点

主婚人、证婚人贺词用语

在这喜庆祝福的时刻，愿神引导你们的婚姻，如河水流归大海，成为一体，并且奔腾不已，生生不息！

结婚是人生中一个新的里程碑，也意味着你们从今以后要肩负起社会和家庭的重任。此时此刻，新郎新娘结为恩爱夫妻。从今以后，你们要一生一世忠贞不渝地呵护对方，永远心心相印，幸福美满。同时还要互敬互爱，尊老爱幼，孝敬双方父母，常回家看看。

洋溢在喜悦的天堂，披着闪闪月光，感叹：只羡鸳鸯不羡仙。

愿你们一生孝敬长辈，友爱邻舍；好使你们在世得福百倍，将来大得赏赐！

两情相悦的最高境界是相对两无厌。祝福一对新人真心相爱，相约永久！恭贺新婚之禧！

在这春暖花开、群芳吐艳的日子里，愿你俩永结同好，正所谓天生一对、地生一双！祝愿你俩恩恩爱爱，白头偕老！

亲人、长辈用贺词

愿你们二人和睦相爱，好比那贵重的油浇在亚伦的头上，流到全身；又好比黑门的甘露降在锡安山；彼此相爱、相顾，互相体谅、理解，共同努力、向前，建造幸福的家！

愿你们的家园如同伊甸园般地美好和谐。在地如同在天！

今天是你们喜结良缘的日子，我代表我家人祝贺你们，祝你俩幸福美满，白头偕老！

愿你俩用爱去呵护对方，彼此互相体谅和关怀，共同分享今后的苦与乐。敬祝百年好合、永结同心！

结婚是人生中一个新的里程碑，也意味着你们从今以后要肩负起社会和家庭的重任。互敬互爱，尊老爱幼，孝敬双方父母，常回家看看。

今天成为夫妻，从今以后，你们要互敬、互爱、互谅、互帮，以事业为重，用自己的聪明才智和勤劳去创造美好的未来。

第五章

美言一句暖三冬的励志酒

世界上所有的输赢都是人生经历的偶然和必然。只要勇敢地选择远方，你也就注定选择了胜利和失败的可能。人生路上风雨同行，难免遭遇挫折和困苦，这时，为自己喝下一杯励志酒，而适当的祝酒辞往往可帮助人们摆脱困境，邀发人们向上奋发的斗志。

励志祝酒辞的结构

鼓励他人，用语要恰到好处，不能过轻，轻则徒费口舌；也不能过重，重则给人打击，如雪上加霜，伤口撒盐。要想鼓励他人，帮助他人走出困境，必须要“认真诊断，对症下药”，如此，才能治病救人。

关于致辞酒的结构：

第一部分为称呼

根据在场人物身份的不同，称谓不同，如“各位来宾”“各位朋友”等。

第二部分为开头

用一句话或一段文字对被鼓励者遭遇挫折、不幸表示遗憾，表示理解，如，“我为你的下岗深感遗憾”“为你遭遇爱情的欺骗表示遗憾”等。

第三部分为正文

正文着力抓住对方的内心矛盾进行规劝。从而去获得对方的认同、信任、依赖。只有被对方接纳，你的祝酒辞才能产生效果。

第四部分为结尾

结尾送上祝福。要认真、诚恳地表达致辞者的良好祝福，祝福被祝贺者“明天一定会更加美好”“美梦成真”。

祝辞人在致辞时要注意以下事项：

（1）祝辞人在言谈举止之间要表现出足够的自信和诚恳。贴近被祝贺者的内心，要做到“动之以情，晓之以理”。只有在情感的换位体验与道理的透彻说教下，鼓励的效果才会加倍。

（2）被鼓励者之所以情绪低沉、态度消极，是因为他们对自己不够自信，在困难、挫折、打击面前，不敢前进。这时候，你需要帮他们扫清心灵上的障碍。帮助他们正确认识困难，理性面对挫折，让他们勇于直面人生。

（3）祝辞人要找到合适的词驳斥失望者停步或退步的“理由”，然后才可以鼓起他们奋进的勇气。

毕业宴会祝酒辞

范文在线赏析

【场合】女儿毕业招待宴会

【人物】毕业生、亲友、来宾

【致辞人】毕业生母亲

尊敬的各位领导、亲爱的朋友们：

大家好！

今天的宴会大厅因为你们的光临而蓬荜生辉，在此，我首先代表全家人发自肺腑地说一句：感谢大家多年以来对我的女儿的关心和帮助。欢迎大家的光临，谢谢你们！

这是一个秋高气爽、阳光灿烂的季节，这是一个捷报频传、收获喜讯的时刻。正是通过冬的储备、春的播种、夏的耕耘、秋的收获，才换来今天大家与我们全家人的同喜同乐。感谢老师！感谢亲朋好友！感谢所有的兄弟姐妹！愿友谊地久天长！

女儿，妈妈也请你记住：青春像一只银铃，系在心坎，只有不停地奔跑，它才会发出悦耳的声响。立足于青春这块土地，在大学的殿堂里，以科学知识为良种，用勤奋做犁锄，施上意志凝结成的肥料，去创造比今天这个季节更令人赞美的金黄与芳香。

今天的酒宴，只是一点微不足道的谢意的体现。现在我邀请大家共同举杯，为今天的欢聚，为我的女儿考上理想的大学，为我们的友谊，为我们和我们的家人的健康和快乐，干杯！

鼓励员工祝酒辞

范文在线赏析

【主题】鼓励祝酒

【场合】聚会宴会

【人物】公司领导、职员

【致辞人】王先生

尊敬的各位来宾，女士们，先生们：

在新春佳节即将到来之际，我们十分荣幸地邀请到了各位嘉宾来参加×××迎新宴会。首先，我代×××全体同仁对各位来宾的光临表示热烈的欢迎和由衷的感谢！

在过去的几年里，我们走过的路上花团锦簇，五光十色，但没有人知道花是怎样长出来的。我们自己明白，这花是用我们的汗水，用我们的血浇灌出来的，它红得似火，它艳得如霞！

在未来的路上，没有人知晓明天的阴晴冷暖。我们坚信，只要是我们足迹踏过的地方，都会春暖花开，都能有丽日高阳。

这是一种信念，它时刻提醒我们要为理想向前，为希望向上。这是一种执着，它时刻告诉我们要铭记从前，期望明天。

“用智慧创造价值”是我们一贯的宗旨，“更高更快更强”是我们永恒的追求，“以人为本创造和谐×××”是我们肩负的责任。我们相信，只要我们团结一致，共同努力，无论外面的风雪有多大，×××将永远是我们遮风挡雪的家。在此，我希望全体同仁在新的一年里再接再厉，再创佳绩，再谱新篇。我们坚信，×××的史册将记载我们的宣言，×××的丰碑将铭刻我们的烙印。

朋友们，今天这里将是一个不眠之夜，这里将是一片欢乐的海洋。华灯初上，笙歌高扬，举杯欢畅，人心激荡！在这个璀璨的时刻，让我们举起酒杯，为今天的相聚，为明天的希望，为大家的幸福安康，干杯！

鼓励朋友祝酒辞

范文在线赏析一：鼓励下岗朋友的祝酒辞

【场合】酒场

【人物】下岗者、朋友

【致辞人】好友

各位朋友：

在经济结构调整、体制改革深化的年代，面对下岗大潮呼啸而来，作为一名下岗职工，我们将如何去面对现实，如何去活出自己的那份尊严呢？

如今，下岗就像“狼来了”一样冲击着我们每一个人的生活，它让我们每一个人都感到了生活压力的重负。失去了“铁饭碗”，失去了往日生活的重心，我们因此而迷茫、困惑、自卑、失望，深感命运之神的捉弄，抱怨自己“生不逢时”！

诚然，命运并非总是一帆风顺，它不仅有阳光雨露，更有风吹雨打。命运也并不总是残酷无情，只要你能正确地把握，敢于同命运抗争，同样也会绽放出五彩斑斓的光辉。下岗让我们陷入了一时的困境，但同时也给我们带来了重新认识自我的机会。

所以，我们要在处于逆境的时候相信自己，只有自信，才能自重。

下岗并不可怕，怕的是自己看不起自己，自暴自弃。

俗话说得好，“自古英雄多磨难，纨绔子弟少伟男”。要想干事业，必须做好吃苦的准备。要想适应瞬息万变的社会，还要善于学习、注重观察，善于发现存在的各种机遇，并及时抓住机遇。“等”是永远也等不来机会的，天上不会掉馅饼。人只有自己救自己。来，让我们共同举杯：让我们振奋精神，找到生活中新的位置，为灿烂的明天，干杯！

范文在线赏析二：鼓励失恋朋友的祝酒辞

【场合】饭局

【人物】失恋者、朋友

【致辞人】好友

亲爱的老朋友：

我为你的爱情的夭折深感遗撼。

你爱得深情，爱得执著，我相信，在将来的某一天，你一定能遇见真正的爱情。

大哲人苏格拉底曾经对一位失恋的青年说：当她爱你的时候，她和你在一起。现在她不爱你。她就离去了。世界上再没有比这更忠诚的了。如果她不再爱你，却还装作对你报有情意，甚至跟你结婚、生子，那才是真正的欺骗呢。

你的感情从来没有浪费，也根本不存在补偿的问题，因为在你付出感情的同时，她也对你付出了感情，在你给她快乐的时候，她也给了你快乐。

其实，失恋只不过是人生命旅程中的一个小小的插曲，你可以把失恋看成是爱情道路上的一道风景线，有了它，你之后的爱情会比以前更加顺利、更加美满。

同时，失恋也让你看清对方、看清自己，让你知道自己真正想要的是什么。

忘了那些不高兴的事吧！忧伤和烦恼是不属于你这个坚强的人的。努力让自己走出来，你会看到明天的太阳比今天更温暖，明天的天空比今天更蔚蓝！

为你经过恋爱走向成熟；为你振作精神，迎接新的幸福，干杯！

鼓励下岗人员再就业祝酒辞

范文在线赏析

【主题】鼓励祝酒

【场合】开业宴会

【人物】来宾、公司员工

【致辞人】好友

各位来宾：

大家好！

法国作家巴尔扎克曾经说过，苦难对于天才是块垫脚石，对能干的人是一笔财富，对弱者是一个万丈深渊。从这个意义上来说，磨难和困难是人生的一种特殊财富。我祝贺你们重新站立起来，祝贺你们公司如期开业。更要祝贺你们在思想上、意志上获得的收获。正是由于你们面对下岗。资金无着落、技术无保证、场地有困难的情况，毫不抱怨、毫不气馁，穷则思变，千方百计奋力拼搏，才在困难中创造了奇迹。

自古雄才多磨难，纨绔子弟少作为。要想干事业，必须先做好吃苦的准备。要想适应讯息万变的社会，就要善于学习、注重观察、善于发现存在的各种机遇，并及时抓住机遇。

坐等只能待毙，等，永远也没有翻身的机会，天上绝对不会掉下美味的馅饼。人，只有自己拯救自己。我希望你们顺畅地工作，我更希冀你们用坚强的意志，扼住命运的咽喉，取得更大的成就！

为此，我请大家共同举杯：

为××公司克服困难成大业，顽强奋斗创辉煌；为感谢各有关部门给他们提供的帮助；

为各位来宾、各位同志的健康，干杯！

励志祝酒辞盘点

所有的输和赢都是人生经历的偶然和必然。只要勇敢地选择远方，你也就注定选择了胜利和失败的可能。人生的关键在于：只要你做了，输和赢都很精彩。

这个世界，真正潇洒的人不多，故作潇洒的人很多。有人认为，那种一掷千金的派头就很潇洒，这是对潇洒的误解和潮弄。这种派头，除了证明这钱八成不是他自己挣来的，并不能再说明什么。

最难抑制的感情是骄傲，尽管你设法掩饰，竭力与之斗争，它仍然存在。即使你敢相信已将它完全克服，你很可能又因自己的谦逊而感到骄傲。

事业恰似雪球，必须勇敢往前推，愈推愈滚愈大。但是，若在途中停下，便会立刻融化消失。

在这个世界上取得成功的。是那些努力寻找他们想要的机会的人。如果找不到机会，他们就会自己创造机会。

世界上最长而又最短，最快而又最慢，最平凡而又最珍贵，最易被忽视而又最令人后悔的就是时间。

你热爱生命吗？那么别浪费时间，因为时间是组成生命的材料。生命是一程旅途……人们所有的享受与幸福只不过是生命路旁的旅社，供人们稍事休息，好让人们增添精力到达终点。

今天尽你的最大努力去做好，明天你也许就能做得更好。

第六章

久别重逢的聚会酒

相聚是缘，酒下的是欢笑，倾诉的是衷肠，珍藏的是友谊，淡忘的是忧伤，而收获的却是梦想！在人生的长河里，缘分让我们相互扶持，互相激励，共同进步。人生聚散无常，亲人、朋友和爱人在处别重逢后，共同举杯喝下一杯香醇的美酒，一句句短短的祝福就能温暖我们彼此的心田 。

以酒会文，寄兴寓情

朋友聚会，多畅谈往事，展望将来，互相鼓励，互相劝勉。而此时此刻，一席精彩动人的祝酒辞常会使场面更热烈，使聚会的主题更鲜明，聚会的意义更深刻。

朋友聚会时的祝酒辞一定要饱含激情，富有感情；要兼顾到聚会中不同层次的人，避免曲高和寡或俗不可耐的尴尬；要主题相对集中，避免东一榔头西一棒子，想到哪儿说到哪儿会使人不知所云。假如老友聚会，可以说：“此时此刻，我心里感激诸位光临。我极其留恋过去的时光，因为它有令我心醉的友情，但愿今后的岁月也一如既往。来吧，让我们举杯相碰，彼此赠送一个美好的祝愿。”祝酒辞必须是简短的、凝练的，有很多内涵的。上述那几句很短的祝酒词，会勾起彼此间温暖的回忆，为后面的宴饮营造美好的气氛。

如果你想表现得更有风度，更有口才，可以在祝酒辞中增加一些回忆、赞美的活，以及相关的故事或笑话。带一点儿幽默色彩的祝酒辞有利于彼此间的对话和交流。祝酒辞应略加修饰，但不可过分矫揉造作。祝酒辞可以事先有所准备，但最主要的还在于临场发挥。

聚会祝酒辞的结构

聚会祝酒辞自然是在朋友、亲人、同事相逢时发表的言论。聚会祝酒辞贵在情真意切，将相逢的喜悦与对朋友、亲人、同事的祝福共同寓于酒中。

聚会祝酒辞主要由称呼、开头、正文、结尾四个部分组成。

第一部分为称呼

面对不同的人，有不同的称呼。如“亲爱的朋友”“兄弟姐妹们”等。

第二部分为开头

对大家的出席表示欢迎。

第三部分为正文

追寻往日足迹，共忆昔日情缘，珍惜今朝相聚。

第四部分为结尾

表达祝愿。在致聚会辞时要把握重逢的喜悦之情。

同学聚会祝酒辞

范文在线赏析

【主题】聚会祝酒

【场合】聚会宴会

【人物】同学

【致辞人】某同学

各位同学：

时光飞驰，岁月如梭。毕业十年，在此相聚，圆了我们每一个人的梦。感谢发起这次聚会的同学！

回溯过去，同窗四载，情同手足。一幕一幕，就像昨天一样清晰。

转眼间，我们走过了十个春、夏、秋、冬。今天我们的聚会实现了分手时的约定，又重聚在一起，共同回味当年的书生意气，并咀嚼十年来的酸甜苦辣，真是让我感受至深：

首先是非常感动，这次同学会想不到有这么多的同学参加，同学们平时工作都很忙，事情也很多，但都放下了，能够来的尽量都来了，这就说明大家彼此还没有忘记，心中依然怀着对老同学的一片深情，仍然还在相互思念和牵挂。

第二是非常高兴，我们欢聚一起激动人心的场面，让我回想起了那个夏天我们依依不舍挥泪告别的情景，而这一别就是十年啊。我们分别得太久太久，我们的一生还有多少个十年！今天的重聚怎么能不叫我们高兴万分、感慨万分呢！

第三是深感欣慰，记得在学校时我们都是孩子气、孩子样，如今社会这所大学校已将我们历练得更加坚强、成熟，各位同学在各自的岗位上无私奉献，辛勤耕耘，成为社会各个领域的中坚力量，这些都使我们每一位深感欣慰。

同学们，无论走遍天涯海角，难忘的还是故乡。无论是从教、为官、经商，难忘的还是××中的老同学。我们分别了十年，才盼来了今天第一次的聚会，这对我们全体同学来讲是多么具有历史意义的一次盛会啊。我们应该珍惜这次相聚，就让我们利用这次机会在一起好好聊一聊、乐一乐吧。让我们叙旧话新，谈谈现在、过去和未来，谈谈工作、事业和家庭，如果我们每个人都能从自己、别人十年的经历中得到一些感悟和收获。那么我们的这次同学会就是一个圆满成功的聚会！愿我们同学会的成功举办能加深我们之间的同学情意，使我们互相扶持、互相鼓励。把自己今后的人生之路走得更加辉煌、更加美好！

窗外满天飞雪，屋里却暖流融融。愿我们的同学之情永远像今天大厅里的气氛一样，炽热、真诚；愿我们的同学之情永远像今天窗外的白雪一样，洁白、晶莹。

现在，让我们共同举杯：为了中学时代的情谊，为了十年的思念，为了今天的相聚，干杯！

朋友同事聚会祝酒辞

范文在线赏析一

【致辞人】朋友

【致辞背景】在学生时代朋友的聚会上

朋友们：

我无数次地思考过一个问题——朋友之间到底该是什么样的呢？我不知道，我们之间不一定是无话不说，也不一定是言无不尽，也不会在生日到了的时候送上礼物，但是却在彼此心里占有很重要的位置。有的时候一个电话，甚至在电话里也仅仅是一声问候，可是那一声问候却总是出现在我们最需要的时候。我对自己说，这就是朋友，这就是我们朋友间互相问候的表达方式。

在上高中的时候，我从未想过会认识这么多的朋友，但是“很不幸”，我认识了，而且转眼就过了八年。

大学毕业后，由于各种原因，我们在一起相聚的时间越来越少了，在本地的不算，外地的每次回来又有谁不是在第一时间找到大家呢？那种思念心中自知。我觉得我举的这杯酒越来越沉。就好像装着友情的那颗沉甸甸的心。到了现在，我觉得我们之间的感情已经凝聚成一股力量，一股叫人无法轻视的力量，这也正是我们的感情越来越浓的原因。

这杯酒我就祝在座的每一位都能有美满幸福的家庭和充实的生活。更重要的是，无论身边多了什么人，发生了什么事，希望我们仍然可以像现在这样，把我们的感情长存心里。也许再过几十年，我事业无成，甚至连一个家都没有，但是我仍可以骄傲地说我有你们这一群朋友，一群可以让我骄傲的朋友。让我们的友谊像身体内的血长流不息，除非终止我的生命！

我爱你们！干杯！

范文在线赏析二

【致辞人】聚会组织者

【致辞背景】在朋友同事的聚会上

朋友们：

出乎我的意料，通知过的同事们几乎都来了，老公的同事也来了好多。大家都举杯畅饮，热闹非凡。

这就像一个小型聚会，虽然只有五六桌，可是来宾都是我们最好的朋友、同事、同学，你们的到来让我非常高兴，最让我意外的是我们总经理也来了。稍有些遗憾的是，有些受邀的朋友因为临时有事没来，美中总有不足，我想这就是人生吧。

虽然准备这次聚会有些劳心劳力，可是我很开心。经过了这件事，证明了我做事待人的方法还是没错的。做人还是要脚踏实地，一步一步地向前走。实力永远是最有力的证明，虚荣、炫耀到头来没有任何意义。做自己该做的事情，努力争取自己想要的目标，实现人生的意义才是最根本的事。认识你们，和你们结为朋友，是我这几年最大的收获。以后，我们要一起努力，让我们的友谊开花、结果，让我们的友谊地久天长。最后我提议：为了我们伟大而纯洁的友谊，干杯！

范文在线赏析三

【致辞人】朋友

【致辞背景】在朋友聚会上致祝酒辞

朋友们：

一位哲人曾经说过：友情是船上的帆，是独木舟中的桨。那么，今天我们这20多人因为友情的纽带而走到一起，我们将组成一艘多么宏大的船，我们将摇起多少支桨？我们的船将乘风破浪、所向披靡！

永远也无法忘却我们共同度过的青春时光。在那段年少轻狂的日子里，我们在一起，笑过、哭过、爱过、恨过、打过，也追悔过，风风雨雨一如既往；我们奋斗、我们摔跤、我们跌倒、我们爬起，坎坎坷坷却生生不息！

虽然，那些都已是往昔的辉煌，但我仍留恋那纯洁、多梦、浪漫的季节，那里有我们的笑声、歌声、欢呼声，当然也有哭泣声！每每捧起咱们的合影，想象着你们当年的一颦一笑，一举手一投足，心中总是千万次追问：朋友们，你们现在过得怎样？那曾经书生意气、叱咤风云的热血青年，今天难道竟要被茫茫人海所淹没？不！绝对不能！

让我们用友谊紧系每一颗心，用行动证明我们的力量，让我们在三年以后的今天，十年以后的今天，乃至半个世纪以后的今天，能够不断展示我们创造的辉煌！

让我们干了这一杯酒！谢谢！

老乡聚会祝酒辞

范文在线赏析

【场合】聚会酒宴

【人物】老乡们

【致辞人】某老乡

各位老乡、朋友们：

在这秋色宜人、合家团圆的美好时刻，我们××的老乡在此团聚了。本次聚会的组织者××同志，为了这次难得的相逢尽心尽力，付出了宝贵的时间。我代表全体老乡对她表示衷心的感谢，也向所有参与今天聚会的老乡致以真心的祝福！

“独在异乡为异客，每逢佳节倍思亲。”但是现在，我们欢聚在一起，有着彼此的帮助与祝愿，即使身在他乡，也不会感到孤寂与冷漠。只要我们真诚地对待彼此，相信我们之间的情感将会日益深厚。今天，我们在这里欢聚一堂，我提议，为我们这次的相聚和来日的重逢热烈鼓掌！

亲爱的同乡们，亲爱的朋友们，让我们把酒杯斟满，让美酒漫过杯边，让我们留下对同乡会的美好回忆，让我们留下对同乡的亲切关怀，让我们彼此的情谊留在心间，让我们将这杯酒一饮而尽吧！

今夜星光灿烂，今晚一夜无眠！无眠的夜晚追溯着我们家乡父老的培养，准备着明天的起飞；璀璨的星光穿越时空，倾诉着对银河的依恋……这杯酒绝非陈年佳酿，更谈不上玉液琼浆，但它溶进了我们全体同乡的情和意，喝下去，就会感到无比的浓美、芳香。

来，让我们共同举起这杯饱含千言万语的酒：

祝大家家庭美满、爱情甜蜜、事业成功、前程似锦！愿我们的友谊，地久天长！干杯！

商业联谊会祝酒辞

范文在线赏析一：酒店客户联谊会祝酒辞

【场合】联谊宴会

【人物】酒店领导、客户

【致辞人】某领导

各位来宾，女士们、先生们：

大家晚上好！

今晚，××酒店贵客盈门，高朋满座！各位能在百忙之中莅临我店，是我店极大的荣幸。

首先，请允许我代表××酒店的领导和全体员工，向出席今晚联谊会的各位来宾、朋友们致以最衷心的感谢和最诚挚的祝福！祝愿大家在以后的生活中身体健康、家庭幸福、万事如意。

光阴似箭，日月如梭。只有与时间进行拼搏，我们才能创造一番成就。

自1999年开业以来，××酒店已走过了八年艰辛的发展历程。八年来，我们与社会各界人士尤其是与在座的嘉宾建立了深厚的情谊和良好的合作关系。如今，我们的工作日新月异、成绩斐然，先后荣获了全国“××先进单位”、省级“××先进单位”等多种荣誉称号。这些成绩的取得，是离不开各位朋友的关心与支持的。所以，我们希望借“客户联谊会”这次机会来表达对各位来宾、各位朋友的由衷感激之情。在今后的岁月里，我们仍需要各位朋友一如既往地给予我们更多的关心与支持，我们也一定会以更优质的服务来回报各位，让××酒店成为您最舒适、最理想的家园。

最后，让我们举起手中的酒杯，为我们共同理想的早日到来、为我们的友谊天长地久，干杯！

范文在线赏析二：企业客户联谊会

【场合】联谊宴会

【人物】企业领导、客户

【致辞人】某领导

各位领导、各位朋友、各位来宾：

大家晚上好！

夜幕降临，华灯初上。今夜我们在这金碧辉煌的××大酒店内设宴，热烈欢迎来自全国同行业的新老朋友。首先，我谨代表本次展会的主办方，对给予本次会议大力支持的××各部门领导和××行业学会的领导、专家教授以及为本次会议提供全方位支持和服务的东道主——××同仁表示衷心的感谢，对在百忙之中莅临本次会议的各位代表表示热烈的欢迎！

××联谊会已经成功地举办了×届。从上一届开始，我们把产品展会由过去在内部馆开放改为在展览馆里开放，并更名为××展览会暨联谊会。为适应参展企业和参会代表不断增加的需要，今年我们将在展览馆开放的基础上把参展面积由去年的××平方米扩大到××平方米。在推广的方式上。除了继续采取上门邀请、书面邀请、电子邮件和我们自己的三大媒体交互式宣传以及与行业其他强势媒体、展览会互换广告外，我们还采取手机短信和在互联网上宣传等新形式立体宣传，效果比去年更为明显。加之××海的独特地位、功能和商业魅力，本届展会无论是参展的企业还是参会代表，均比上届展会有不同程度的增加，特别是××行业的新朋友来参会的增加了不少。

今年在新老朋友的支持下，我们在不断提高产品质量和销售量的同时，又通过网络建立了大型的网络专业性市场。在品种齐全、质量同比、价格透明等方面，占有很大的优势。对消费者而言，它便于集中挑选产品，比质比价，节省了购买时间；对经营者而言，它更容易吸引有效客户而又不需花费宣传推介企业及其产品的费用，极大地提高了经营效率。建立这一网络性的市场平台，任何人都可以在里面建立自己的商铺，被全世界的客户在第一时间内准确无误地找到。无论谁在上面发布了采购信息，都会有各地的供货商在最短的时间内找到他，与个人独立宣传推广相比，节省了大量费用，同时将效率提高了无数倍。

休戚相关，荣辱与共。在传统行业营销举步维艰之时，如果明年我们能够精诚合作，共同把××市场做大做强，做出人气来，就能够共同搭上网络营销这辆快车，携起手来“一起发”。

最后，我祝愿各位新老朋友借这次联谊会广交朋友、扩大生意，冲出国门，走向世界，也希望各位同行相互之间多交流，增进了解，扩大友谊，加强合作，明年更上一层楼。让我们为本次联谊会的圆满成功，为各位的蒸蒸日上、生意兴隆、健康幸福，干杯！谢谢大家！

师生聚会祝酒辞

范文在线赏析

【场合】聚会酒宴

【人物】大学时的老师、同学

【致辞人】某同学

亲爱的老师们、同学们：

十年前，我们怀着一样的梦想和憧憬，怀着一样的热血和热情，从祖国各地相识相聚在××。在那四年里，我们生活在一个温暖的大家庭里，度过了人生中最纯洁、最浪漫的时光。

为了我们的健康成长，我们的班主任和各科任教老师为我们操碎了心。今天我们特意把他们从百忙之中请来参加这次聚会，对他们的到来，我们表示热烈的欢迎和衷心的感谢。

时光荏苒，岁月如梭，从毕业那天起，转眼间十个春秋过去了。当年十七、八岁的青少年，而今步入了为人父、为人母的中年人行列。

同学们在各自的岗位上无私奉献，辛勤耕耘，都已成为社会各个领域的中坚力量。但无论人生浮沉与贫富贵贱，同学间的友情始终是淳朴真挚的，就像我们桌上的美酒一样，越久就越香越浓。

来吧，同学们！让我们和老师一起，重拾当年的美好回忆，重温那段美好而又快乐的时光，畅叙无尽的师生之情、学友之谊吧。

为×年前的“有缘千里来相会”、为永生难忘的“师生深情”、为人生“角色的增加”、为同学间“淳朴真挚”的友谊、为同学会的胜利召开，大家一起干杯！

聚会祝酒辞盘点

酒越久越醇，朋友相交越久越真；水越流越清，世间沧桑越流越淡。天天快乐，时时好心情！

思念是一缕抹不去的青烟，飘飘渺渺，笼罩你我，而祝福是甜甜地醉意，弥漫心田，无边无际。愿愉快伴你一生。

星星的寂寞月知道，晚霞的羞涩云知道，花儿的芬芳蝶知道，青草的温柔风知道，梦里的缠绵心知道，心里的酸楚泪知道，我的思念您知道！

又是一年落叶黄，一层秋雨一层凉。整日工作挺辛苦，天凉别忘加衣裳。保重身体多餐饭，珍惜友情常想想。

朋友双月并肩行，两月一对成月饼，一半是你一半我，中秋之时心有灵，天涯海角共望月，两瓣心思一片情，年年盼月因有朋，月月有月心更明。

朋友是天、朋友是地，有了朋友可以顶天立地；朋友是风、朋友是雨，有了朋友可以呼风唤雨。

山有了绿色，才有了生机；天空有了白云，才不会寂寞；人生有了牵挂，才温馨灿烂。我想对你说：我的朋友，生命中因为有了你。我才开心。

友情就如一坛老酒，封存愈久愈香醇，一句短短祝的福就能开启坛盖，品尝浓醇酒香；友情就如一轮红日，默默付出而无求，一声轻轻的问候就是一束温暖阳光。

不能与你常见面，但对这友情始终不变。没有经常联络你，而是将你藏在心里。

第七章

知恩报德的答谢酒

俗话说，滴水之恩当以涌泉相报。“知恩图报”是每个受恩的人应有的基本人格修养。而最能有效地表达谢意的方式之一是宴会上有情有色的答谢辞。答谢辞是一种最高级的致谢形式，可以有效地表达谢意，在如今社会活动日益频繁的现代社会，它发挥着越来越重要的作用。

答谢酒礼仪

在商务交往或社交礼仪中，答谢酒一般是对客户、员工、合作方、媒体等表示谢意的宴会。

答谢祝酒辞的重点在于表达出对对方诚挚的感谢之情。开头可开门见山地对对方致以衷心的感谢。例如：“在我们满怀豪情迎接新的一年之际，我们以最真诚的谢意、最真挚的祝福在这里举办迎新春答谢客户酒会。首先我代表××大厦向一直给予我们支持和厚爱的新老客户朋友们表示谢意，并祝你们在新的一年里身体健康、工作顺利、生意兴隆、万事如意!”

接着用具体的事例，对对方所做的一切给予高度评价和充分的肯定。

然后，谈一谈自己的感想和心情。答谢合作方，可以颂扬对方的成就和贡献，如：“感谢诸位在六年多的时间里，对我公司给予支持和厚爱，使我公司得以在市场的起伏中和诸位一道经风历雨、合作多年，一起成长壮大。”答谢员工。可以表达对员工敬业精神的感激之情，如：“在过去的一年里，我们的管理干部在认真做好本职工作的同时，深入卖场第一线，为保证各项工作的有序进行耗尽心血；广大一线员工，尤其是广大女员工，舍小家顾大家，一心扑在工作上，为商场的发展作出了巨大的牺牲；广大业务人员、长年奔波在外，风餐露宿，保证了一线商品的供应；广大后勤人员，牢固树立为一线服务的意识，及时解决基层实际困难和问题，保证了卖场的正常营运。在此。让我们真诚地向大家道一声：你们辛苦了！”答谢媒体，可以说：“如果没有在座各位的支持，没有各位媒体朋友的帮助，我们公司就没有今天辉煌的成就！”

结语部分，再次表示感谢的同时，提出自己的希望和良好的祝愿。如：“在新的一年里我们将继续努力，不断取得新的突破，来回报广大客户的厚爱，为您事业的成功尽我们的微薄之力。我们将以百倍的努力和良好的服务以及崭新的精神风貌服务于您，我相信经过我们相互支持、友好合作，我们一定能实现双赢的目标。让我们携手奔向美好的明天！再次祝福全厦客户及各公司员工新年快乐、万事如意！祝各位事业辉煌，如日中天！祝各单位百业俱兴，宏图大展，前程无限，吉年大发！”

那么，答谢酒礼仪都要注意哪些方面呢？

设宴方要妥善安排客人的座位，要将餐桌的主位留给德高望重的客人或最为重要的客人。要考虑客人的具体请求，要考虑使各位客人都有背景相近的谈话对象。还要考虑合理安排男女客人的座位顺序。要尽量利用空间，不要坐得过近。

设宴方应及时介绍来宾，让宾客各方能互相结识，要优先向社会地位较高的以及年长的人士或女士介绍其他来宾。

设宴主人应当确保不冷落每一位客人，不应依客人的身份不同而加以明显的区别对待，应当关照每一位客人，令其感到备受重视。

宴席开始时，宴请方应作简短致辞，说明宴请的目的，并向各位来宾致以良好的祝愿。

设宴方应时刻注意全体客人的安全，特别是在使用煤气的火锅店设宴必须严防火灾，并应提高警惕防范盗窃。

应征求大家的意见，适时以委婉的方式提出结束宴席，并真诚地感谢各位宾客的光临。

散席后，设宴方有责任确保驾车赴宴的宾客安全离开。

设宴主人应热心过问宾客如何返回住处，对于老年宾客，主人应亲自为其叫出租车，并详细叮嘱司机交通线路。

答谢客户祝酒辞

范文在线赏析一

【致辞人】公司经理

【致辞背景】在服装公司客户答谢酒会上

各位来宾、广大经销商朋友们：

大家晚上好！

在一年一度的新春佳节来临之际，各位能在百忙之中来到××市，共聚于我们××服装“××××年春夏服装订货会”，我们深感荣幸！值此良辰美景，请允许我代表××服装有限公司全体员工，向出席今晚酒会的各位来宾、各位朋友致以最热烈的欢迎和最诚挚的问候！祝大家身体健康，家庭幸福，万事如意！

××服装自××××年创立以来，走过了×年不寻常的发展历程。×年来，我们与社会各界朋友尤其是与在座的各位嘉宾建立了深厚的友谊。在大家的关心和支持下，我们的工作日新月异。在刚刚过去的××××年里，××服装再创佳绩。这些成绩的取得，离不开在座各位的支持和厚爱，在此，我先敬各位嘉宾一杯酒，感谢大家多年来对××服装始终如一的关爱！谢谢大家！

展望新的一年，××公司将秉承“做大做强品牌”的经营宗旨，在新的一年里不断推出高品质、高市场占有率的服装，在企业做大做强的同时，让在座的各位也都生意兴隆、红红火火！请与我们携手，让我们共同见证××品牌的成长，让我们举杯共祝：新的一年有新的飞跃，新的耕耘带给我们新的辉煌！

最后，让杯中的美酒来表达我们的信心和谢意，朋友们，干杯！

范文在线赏析二

【致辞人】大厦经理

【致辞背景】在大厦答谢客户酒会上

尊敬的各位来宾，女士们、先生们：

在我们满怀豪情迎接新的一年之际，我们以最真诚的感谢、最真挚的祝福在这里举办迎新春答谢客户酒会。首先我代表××大厦向一直给予我们支持和厚爱的新老客户朋友们表示感谢。并祝你们在新的一年里身体健康、工作顺利、生意兴隆、万事如意！

过去的一年是××大厦快速发展的一年，我们在××集团公司的领导下，在各位客户公司老总的支持下，经过我们全体员工的共同努力，取得了一定的成绩。

回首过去峥嵘岁月欣慰神驰，展望未来锦绣前程壮怀激越。

在新的一年里我们将继续努力。不断取得新的突破，来回报广大客户的厚爱。为您事业的成功尽我们的微薄之力。我们将以百倍的努力、良好的服务以及崭新的精神风貌服务于您，我相信经过我们相互支持、友好合作，我们一定能实现双赢的目标。让我们携手奔向美好的明天！

再次祝福全厦客户及各公司员工新年快乐，万事如意！祝各位事业辉煌，如日中天！祝各单位百业俱兴！宏图大展，前程无限，吉年大发！让我们为了美好的明天。干杯！

答谢合作方祝酒辞

范文在线赏析一

【致辞人】××省公路勘察规划设计院领导

【致辞背景】在迎新年答谢客户酒会上

尊敬的各位来宾、各位同仁：

“冬去犹留诗意在，春来身入画图中。”在满怀豪情迎接新的一年到来之际，我们在此隆重举行“迎新春答谢合作方酒会”。能与各位同仁、朋友们欢聚一堂，共叙友谊，我感到非常高兴。首先，请允许我代表××省公路勘察规划设计院全体员工，对各位的到来表示热烈的欢迎！

近几年来，在省交通集团的正确领导下，通过院领导班子以及全体员工的共同努力，院内部管理水平不断提高，产品质量不断提升，品牌优势不断凸现，各项事业均呈现出了生机勃勃的崭新局面。这些成绩的取得与在座各位的大力支持和鼎力相助是分不开的，军功章里有你们的一半，设计院的发展历史也必将为你们记下浓墨重彩的一笔。在此向你们表示衷心的感谢！

回顾过去的几年，我们本着诚信、共赢的原则，在设计、勘察、测量、交通工程、水土保持等各个领域开展了广泛的合作，取得了非常好的成绩。通过合作，我们增进了彼此的了解和友谊，加强了技术交流和合作；更重要的是，通过合作，我院综合实力得到了增强，各合作单位的人才队伍也得到了迅速成长，同时，经济效益也得到了相应提高，完全达到了互利共赢的合作目的。展望即将到来的××××年，我院将继续争取为我们的合作提供更为广阔的舞台，我坚信我们在今后的合作道路上必将取得更大的成绩！

在新春佳节到来之际，我谨代表设计院全体员工并以我个人的名义给在座各位拜个早年，预祝大家：身体健康，合家欢乐，工作顺利，事业有成！

最后，我提议让我们共同举杯，为我们的友谊，为我们的合作，为我们的成功，为我们的健康，为我们美好的未来，干杯！

范文在线赏析二

【致辞人】市委领导

【致辞背景】在对××商业界的答谢酒会上致祝酒辞

尊敬的各位企业家，女士们、先生们，朋友们：

在风和日丽的阳春时节，在繁华秀美的“东方之珠”。与××各界儒商名流、有识之士真情相聚，共叙情谊，共谋发展，我和我的同事们都感到由衷的高兴。在此，我谨代表×××党政代表团，并以个人的名义，向关注、支持×××发展的各位企业家、同志们、朋友们。致以诚挚的问候和衷心的感谢！

××领发展之先，产业隆达，人财会聚；×××处于开放的前沿，口岸便利，商机无限。面对××、内地间经贸合作渐趋紧密的良机，两地产业、市场、资金、技术等优势正加速互补、融合，双方互利合作的前景无比广阔。真诚地希望与各位新老朋友进一步增进友谊，密切联系，加强合作，携手创业！也诚挚地邀请尊贵的朋友们，常到×××走一走、看一看，寻找更多的合作商机，共创锦绣前程！

最后，请各位开怀畅饮，为朋友们的健康，为我们的友谊，为共同的事业，干杯！

范文在线赏析三

【致辞人】镇领导

【致辞背景】在生物医药企业发展交流答谢晚宴上

尊敬的各位领导、各位嘉宾：

今天晚上，我镇在这里举办生物医药企业发展交流答谢晚宴，在此，首先我代表××镇人民政府对大家的到来表示最热烈的欢迎！并对一直以来关心和支持我镇医药产业发展，积极投身我镇医药产业建设的企业家和企业代表致以最亲切的问候和衷心的感谢！

经过多年的努力和发展，××镇的医药产业初具规模，现已聚集了40多家医药及医疗器械企业。总投资超过20亿元，初步形成具有一定影响力的医药产业集群。在未来的发展中，我们将把医药产业进一步做大做强，全力把××打造成具有较强竞争力的生物医药产业化基地。××生物医药园作为××技术创新和高科技产业发展的重要载体之一。要发展成为生物医药领域产学研一体化的技术创新区和产业功能区，成为中国南方生物医药产业的品牌和产业化基地，到××××年我镇医药工业产值将达到100亿元。

这一目标，单靠我们的努力是难以实现的，更重要的是靠大家的支持和广大投资者的共同努力。我们衷心希望，各位领导、各位嘉宾在今后的日子里给予我们更大的支持和鼓励，我们希望与广大海内外客商互惠互利，共谋××生物医药园的发展大计。

最后，衷心祝愿大家事业蒸蒸日上，再创辉煌！干杯！

答谢员工祝酒辞

范文在线赏析一

【致辞人】“优秀员工”评选获奖者

【致辞背景】在“优秀员工”评选晚宴上

尊敬的各位领导：

大家好！

非常感谢在座的各位领导能够给予我这份殊荣，我感到很荣幸，心里充满无比的喜悦，但更多的是感动。真的，这种认可与接纳，让我很感动，我觉得自己融入这个大家庭里来了。自己的付出与表现已经得到了最大的认可。我会更加努力！

在此，感谢领导指引我正确的方向，感谢同事耐心的教授与指点。虽然被评为优秀员工，我深知，我做得不够的地方太多太多，尤其是我刚刚接触××这个行业，还有很多东西需要学习。我会在延续自己踏实肯干的优点的同时，加快脚步，虚心向老员工们学习各种工作技巧，做好每一项工作。这个荣誉会鞭策我不断进步，使我做得更好。

事业成败关键在人。在这个竞争激烈的时代，你不奋斗、拼搏，就会被大浪冲倒，我深信：一分耕耘，一分收获，只要你付出了，必定会有回报。在点点滴滴的工作中，我会细心积累经验，使工作技能不断地提高，为以后的工作奠定坚实的基础。

让我们携手为××的未来共同努力，使之成为业内最大、最强的企业。让我们一起努力奋斗！

最后，祝大家工作顺心如意，步步高升！这杯酒，我敬大家！干杯！

范文在线赏析二

【致辞人】发电厂总经理

【致辞背景】在新春佳节即将来临之际公司举办的答谢晚宴上

各位来宾、同志们：

一元复始，万象更新，在××××年新春佳节即将来临之际，我们满怀收获的喜悦欢聚一堂，共进晚宴，共叙友谊。首先，我代表×××公司对出席今天宴会的各位来宾表示热烈的欢迎！向在座的各参建单位项目部的领导，并通过你们向为××发电工程付出心血和辛勤汗水的全体参建人员及其家属致以崇高的敬意！真诚地向大家道一声：辛苦了！

刚刚过去的××××年，对×××公司来讲，是极不平凡的一年。这一年，经过我们的不懈努力。在极其严峻的形势下，我们的项目获得核准。各参建单位顾全大局，奋力拼搏，团结协作，克服困难，终于实现了烟囱到顶、主厂房封闭、锅炉大件基本吊装完成、空冷岛立柱施工完成、汽包安装就位等重要工程节点目标。在工程进度取得较大进展的同时。确保了工程的安全、质量。在此，我向大家致以深深的谢意！

同志们，朋友们！回首过去，汗水孕育硕果；展望未来，拼搏铸就辉煌。崭新的××××年是发电工程机组投产的决战决胜年。衷心希望各参建单位及全体参建人员在新的一年里携起手来，心往一处想，劲向一处使，继续发扬特别能吃苦、特别能战斗、特别能奉献的精神，积极配合，努力工作，振奋精神，再接再厉，为××发电工程建设再谱新篇章！

下面，我提议：为了××工程年底机组发电实现双赢的目标。

为了同志们和朋友们的合家幸福、身体健康、工作顺利。干杯！

答谢招待方祝酒辞

范文在线赏析一

【致辞人】访问团代表

【致辞背景】在访问结束时访问公司举办的送别宴会上致祝酒辞

尊敬的×××先生，尊敬的×××集团公司的朋友们：

首先，请允许我代表访问团全体成员对×××先生及×××集团公司对我们的盛情接待表示衷心的感谢。

我们一行五人代表××公司首次来贵地访问，此次来访时间虽短，但收获颇大。仅三天时间。我们对贵地的电子业有了比较全面的了解，与贵公司建立了友好的技术合作关系，并成功地洽谈了×××电子技术合作事宜。这一切，都得益于主人的真诚合作和大力支持。对此，我们表示衷心的感谢。

电子业是新兴的产业，蒸蒸日上，有着广阔的发展前景。贵公司拥有一支由网络专家组成的庞大队伍，技术力量相当雄厚，在网络工作站市场中一枝独秀。我们有幸与贵公司建立友好的技术合作关系，为我地电子业的发展提供了新的契机，必将推动我地的电子业迈上一个新台阶。

最后我代表××公司再次向×××集团公司表示感谢。并祝贵公司迅猛发展，再创奇迹。更希望彼此继续加强交流合作，共创明天。

最后，我提议：为我们之间正式建立友好合作关系，为今后我们之间的密切合作，干杯！

范文在线赏析二

【致辞人】访问者

【致辞背景】在访问结束的送别宴会上

女士们、先生们：

首先请允许我感谢你们的盛情邀请及款待，今天能够出席你们的招待会，我感到十分荣幸，能够有机会与在场的×国朋友畅谈，我感到非常高兴。

随着中国改革开放进程的不断深入。我们两国之间的交往越来越频繁，许多政府官员、科学家、艺术家、体育代表团和商人的互访，更加深了我们的友谊。多年来。我一直盼望着能有机会来×国，现在终于圆了我×国之行的梦。

这次在×一年时间的访问学习是卓有成效的，我见到了许多知名人士，聆听了许多专家、学者的教诲，我们互相探讨、学习，我也向×国专家、学者请教。收获很大。

我的到访，得到了热情好客的×国朋友的热情接待，我深深感受到了勤劳、善良的×国人民的热情和友好。我们彼此之间的深情厚谊令我终生难忘！

借此机会请允许我再一次向大家表示衷心的感谢，并提议：为两国人民的友谊，干杯！

答谢媒体祝酒辞

范文在线赏析一

【致辞人】公司领导

【致辞背景】在××汽车有限公司举办的媒体答谢晚宴上

尊敬的各位来宾、新闻界的媒体朋友们：

一元复始，万象更新，在这春回大地、莺歌燕舞的四月天，我们满怀盎然春意，欢聚庄园，共进晚餐。首先，我代表××有限公司对出席今天宴会的各位来宾表示热烈欢迎！向所有新闻界的媒体朋友致以春天的问候，感谢大家一直以来对××公司的支持和厚爱！

多年以来，在座诸位同××公司一路走来，对我们而言，这是一种缘分，也是一种幸运，这是一段辉煌的记忆，也是一段不平凡的岁月。这些年来我们取得的一切成绩，都离不开在座各位的激励与鞭策，借此机会，我代表××有限公司全体员工对大家给予我们的支持和厚爱献上最真诚的谢意！××公司全体员工也将在日后的工作中兢兢业业、辛勤耕耘。为广大的汽车用户提供更完美的汽车产品，为构建中国和谐汽车社会尽职尽力。同时，我们也自信于企业的实力，面对种种考验，××公司将以全新的战斗精神，知难而上，顽强拼搏，用高昂的斗志和极大的工作热情，体现出我们良好的企业精神风貌，圆满完成每一项工作任务。

诚然，登山的路途并不平坦，我们需要在座各位朋友的扶持，需要大家的帮助，这样××公司才能最终攀上最高的山峰，实现一览众山小的宏愿。我们希望您能同我们一起见证这个充满生机和活力的××公司的到来！面对未来，机遇与挑战同在，光荣与梦想共存！××公司将经过管理的变革。依靠全新的企业文化，通过实施多元化、国际化的发展战略，迎来更加辉煌、美好的明天！

最后，仿效各位朋友开场时候的吟诗之举，我再吟一首咏春古诗：“春江潮水连海平，海上明月共潮生。滟滟随波千万里，何处春江无月明。”

现在，我提议大家举杯，祝愿诸位朋友身体康健、诸事顺意，祝愿××公司壮志飞扬、宏图大展！干杯！

范文在线赏析二

【致辞人】×××市委领导

【致辞背景】在全国农产品加工业博览暨东西合作投资贸易洽谈会的记者招待会上

各位记者、各位朋友：

明天，××××年全国农产品加工业博览暨东西合作投资贸易洽谈会就要在我市召开了，这是我市第××次承办这一盛会。首先，我代表××市委、市政府和全市840多万人民，向光临今晚记者招待会的各级新闻单位领导、各位新闻界朋友表示热烈的欢迎和诚挚的问候！

×××地处××省中南部，素有“豫州之腹地，天下之最中”之称。自1998年以来，×××市连续××年成功举办了全国东西合作经贸洽谈会，引进了一大批项目、资金、人才和技术，已先后与100多个国家和地区建立了经贸往来。×××正成为有志之士经商的宝地、投资的乐土。×××作为发展中的城市，振兴工业、强市富民是我们工作的主题，扩大开放、借力发展是我们的首选战略，重商、亲商、富商，更是我们全市上下的广泛共识和一致行动。

我市东西合作取得的成绩，与各级新闻部门的大力支持、大力宣传是分不开的。在过去历届洽谈会期间，中央和省主要新闻单位来我市采访东西合作和洽谈会的记者每年都在300人（次）之上，每年都发表稿件近千篇，其中有不少有影响的重要稿件。新闻界的朋友为宣传会议、宣传×××、宣传××作出了积极贡献。为此，我再次向新闻界的朋友们表示衷心的感谢！

现在，让我们举起酒杯，为××××年全国农产品加工业博览暨东西合作投资贸易洽谈会取得圆满成功，为这次会议的新闻宣传工作圆满成功，为大家在会议期间的采访顺利、身体健康，干杯！

答谢祝酒辞盘点

借此机会，请允许我对您过去的支持和帮助表示衷心感谢，希望在以后的日子里，能得到您一如既往的支持。

一路走来，非常不易。这些年来，我们与社会各界朋友尤其是与在座的各位嘉宾建立了深厚的友谊。在大家的关心和支持下，我们的工作日新月异。今天借这杯薄酒，聊表谢意，谢谢大家的支持！谢谢！

我能取得这样的成绩，离不开在座各位的支持和厚爱。在此，我敬各位一杯酒，感谢大家多年来对我的关照和厚爱！谢谢大家！

我真诚地希望，与各位新老朋友进一步增进友谊，密切联系，加强合作，携手创业！

各位开怀畅饮，为朋友们的健康，为我们的友谊，为共同的事业，干杯！

我诚挚地邀请尊贵的朋友们，常来这里走一走、看一看，寻找更多合作商机，共创发展锦绣前程！

在以往的工作中，贵方给予了我们充分的理解和有力的支持。对此表示深深的敬意和诚挚的感谢，让我们共创美好的明天！

第八章

举杯共祝福的节庆酒

古诗曰："每逢佳节倍思亲。"每到节日，人们总免不了要聚会"寒暄"一番，"寒暄"自然免不了酒。因此，节庆祝酒辞的主要特点就是要表达出人们欢庆节日的愉悦之情。

节日祝酒辞有高招

佳节聚会，人们总要“宣泄”一番，以酒助兴。所以，节庆祝酒辞的主要特点就在于表达出人们欢度节日的愉快之情。

作为宴会的主人，在祝福各位宾朋时应注意以下几点：

第一，主人应先向宾客、员工等致以节日的祝贺和问候；

第二，谈谈在这一节日里举办宴会的目的，再用具体的事例，对宾客、员工等所作出的成绩给予肯定和评价；

第三，说一说自己的感想和心情，或对未来的憧憬和期望。此时应语言简练、情感丰富。

节目宴会充满喜庆的气氛，在这愉悦、轻松的环境里，人们自然会不自觉地多喝几杯，然而，酒能助兴、亦能伤身，为了身体着想，饮酒要有度，千万不可贪杯。

元旦祝酒辞

范文在线赏析

【场合】元旦庆祝宴会

【人物】集团领导、投资人、合作客户及全体员工

尊敬的各位领导、各位来宾：

大家好！

律回春晖渐，万象始更新。我们告别成绩斐然的××××，迎来了充满希望的××××值此新春到来之际，我谨代表集团董事局，向全体职员的努力进取和勤奋工作，向投资者给予公司的真诚信赖，向中外客户的热情支持致以深深的谢意！祝大家在新的一年里身体健康、家庭康泰，心想事成、万事如意。

×××年，在各级经营团队和全体员工的共同努力下，我们××集团先后取得了与××公司合资、夺得××开发权、进军××产业等振奋人心的重大突破，集团××××年各项经济指标比往年有了较大增长……这些令人欣喜和振奋的成绩证明：××公司的战略是清晰的，定位是准确的，决策是正确的。通过这些成绩，我们看到了一个充满生机和活力的新××。在这里，感谢这个伟大的时代，更感谢一年来全体××人的不懈努力！

诚信缔造伟业！面对集团××××年良好的运营状况，××人应有清醒的认识和更为远大的目标。××××年，××将在“创建国际一流品牌，建设中国百强企业”的进程中，在产业发展和资本运作上次第推进，演绎出浓墨重彩的一章，而留下的将是全体××人的商业智慧和勤奋实干的串串足迹……

创新成就未来！变革创新、知行合一是××通向未来之路。当前，变革创新就是完善公司治理结构，建立和完善层次清晰、责任明确的三个层面的管理体制，加大激励力度，实施企业再造与流程创新，在管理力度和管理风格上实现突破；知行合一就是针对不同的层面，在管理上严格要求、在经营上慎重求实，在技术上掌握核心，真正做到战略合理、组织高效、制度完善、流程顺畅、人员精干。

机遇与挑战同在，光荣与梦想共存！××经过管理变革，背靠

优秀的企业文化，通过实施多元化、国际化的发展战略，定会迎来更加辉煌的明天！

最后，预祝大家元旦愉快，身体健康，合家欢乐，万事如意！

新年祝酒辞

范文在线赏析一

【场合】迎新春酒会

【人物】市委、老领导

【致辞人】市长

尊敬的各位领导：

在×年春节即将到来之际，××市委、市政府在这里召开迎春酒会，荣幸地邀请各位领导欢聚一堂，共叙往事今情，喜迎新春佳节。各位曾经在××市工作过的领导和××籍在××省工作的领导，多年来心系××，关注××，通过各种方式支持XX的各项事业发展。在此，我代表全市500万人民，向各位领导表示衷心的感谢并致以节日的祝福！

近几年，在上级党委、政府的正确领导和亲切关怀下，在各位领导和朋友们的支持、帮助下，××市经济获得了较快发展，社会事业取得了新的进步。这些成绩的取得，是全市各族人民共同努力的结果，更凝结着在座各位领导的心血和汗水。

××××年，我们的目标是：

……

衷心希望各位领导一如既往地支持、帮助××发展。各位领导熟悉××。热爱××，工作能力强，接触面广，也一定会对××的发展给予更多的关心和厚爱。

多年来，××人民一直想念着曾在××工作过的各位领导，想念着××籍在市外工作的各位领导、同志和朋友们，也盼望着各位领导在方便的时候多回××，探亲访友，视察工作，指导和帮助我们把 XX 的明天建设得更加美好！

现在，我提议：

为我们的事业兴旺发达，为我们的友谊与日俱增，

为各位领导春节愉快、×年吉祥、身体健康、合家欢乐，干杯！

范文在线赏析二

【场合】新年宴会

【人物】公司全体人员、嘉宾

【致辞人】董事长

各位女士、各位先生、各位朋友：

大家晚上好！

喜悦伴着汗水，成功伴着艰辛，遗憾激励奋斗，我们不知不觉地走进了××××。今晚我们欢聚在××公司成立后的第×个年头里，我和大家的心情一样激动。

在新年来临之际，首先我谨代表××公司向长期关心和支持公司事业发展的各级领导和社会各界朋友致以节日的问候和诚挚的祝愿！

向我们的家人和朋友拜年！我们的点滴成绩都是在家人和朋友的帮助、关怀下取得的，祝他们在新的一年里身体健康、心想事成！

向辛苦了一年的全体员工们拜年！感谢大家在××××年的汗

水与付出。许多生产一线的员工心系大局，放弃许多节假日，夜以继日地奋战在工作岗位上，用辛勤的汗水浇铸了××不倒的丰碑。借此机会，我向公司各条战线的员工表示亲切的慰问和由衷的感谢。

展望××××年，公司已经站到了一个更高的平台上。新的一年，公司将继续遵循“市场营销立体推进，技术创新突飞猛进，企业管理科学严谨，体制改革循序渐进”的方针，并在去年的基础上继续深化，目的只有一个：全面提升公司的核心竞争能力。我相信，××××年将是风调雨顺、五谷丰登的一年，××公司一定会更强盛，员工的收入水平一定会上一个台阶！

“雄关漫道真如铁，而今迈步从头越。”让我们以艰苦奋斗的精神、团结拼搏的斗志去创造新的辉煌业绩！新的一年，我们信心百倍，激情满怀。让我们携起手来，去创造更加美好的明天！干杯！

五一劳动节祝酒辞

范文在线赏析

【场合】庆祝晚宴

【人物】集团公司全体人员、嘉宾

【致辞人】董事长

各位员工、各位来宾：

大家晚上好！

今晚，我们在这里隆重集会，热烈庆祝“五一”国际劳动节。

首先，我代表集团公司董事会向辛勤工作在公司各个岗位的全体员工，致以亲切的问候和衷心的感谢！我现在的心情和大家一样激动。集团公司从小到大、由弱到强的发展，见证了每一位员工的辛劳；集团的每一个进步、每一次成长，都凝结着员工的智慧、心血和汗水。成功代表过去，我们更要面向未来。我希望全体员工一定要认清形势，明确自己肩负的历史使命……

今晚，我很欣慰，因为我们拥有一支优良的团队。为了本次晚会，各部门、各企业在百忙中积极组织，广大员工勇跃参加，热情很高。我们公司的党、工、团、女工委组织举办这次文艺晚会，丰富了广大员工的文化生活，提升了××企业文化内涵，展示了员工们的个性特长。今后，类似这样的文体活动，我们还要经常开展，这也是落实科学发展观的具体体现，以此推动企业可持续、和谐、健康地发展。

同志们，让我们继续发扬“五一”自强不息的精神和团结拼搏的斗志，携手并肩、同舟共济、鼓足干劲，向着更高更远的目标奋进！××的明天一定会更加美好！

最后，让我们共同举杯，预祝晚会圆满成功！谢谢大家！

端午节祝酒辞

范文在线赏析

【场合】文化节招待宴会

【人物】县领导、来宾

【致辞人】县长

尊敬的各位领导、各位来宾、同志们、朋友们：

盛夏6月，××大地流光溢彩，万象呈辉。在这惠风和畅、湖色旖旎的日子里，我们在这里隆重举行××县第×届“端午游湖”文化节，我谨代表县委、县人大、县政府、县政协及20万××人民对前来参加这次活动的各位领导、各位来宾表示最热烈的欢迎和衷心的感谢！

××历史久远，文化璀璨，美丽富饶。

这次“端午游湖”文化节是我县一次集旅游推介、文化交流、体育比赛为一体的盛会。办好这次活动对于加快三大战略实施，促进××开放开发，加强和推动××与外界的文化交流与经济技术合作，全方位展示××丰富的历史文化资源优势、灿烂的文化旅游优势和特色经济发展优势。提升××知名度，扩大对外吸引力，进一步加快经济社会各项事业全面发展有着十分重要的意义。

希望通过这次活动的举办让更多的人认识××，热爱××，走进××，投资××，让更多的信息、文化在活动中得以传播、交流，通过沟通增进友谊，通过沟通激发感知，真正把“端午游湖”文化节办成展示风貌的窗口、对外交流的平台、加速发展的里程碑，真正为全县旅游产业的兴起壮大注入新的生机和活力，以带动和促进全县经济社会的快速、健康发展。

最后，预祝××县第×届“端午游湖”文化节圆满成功。

谢谢大家！

教师节祝酒辞

范文在线赏析一

【场合】庆祝宴会

【人物】校领导、老师、嘉宾

【致辞人】校长

各位离退休的老领导、老前辈，老师们、同志们：

今天我们欢聚一堂，美酒佳肴，笑语盈盈，共同庆祝我们自己的节日——第×××个教师节。首先我代表××市第×中学党总支、校长室，对各位在过去的日子里为×中事业的发展所作出的卓越贡献表示崇高的敬意和深深的感谢！

在过去的一年里，新时代的×中在各位的共同努力下，继续高歌猛进、阔步向前。历时两年的老校改造，以先进的设计理念，把学校丰富的人文内涵和独特的艺术魅力表现得淋漓尽致，堪称老校改造的典范，为二中未来的发展奠定了坚实的物质基础和深刻的文化内核。

“乘风破浪会有时，直挂云帆济沧海”，让我们以敢立潮头的豪迈气概以及在一切艰难险阻面前勇敢执著、坚不可摧的刚毅品格，向新的更高的目标阔步迈进。

祝全体同仁节日愉快，身体健康，全家幸福，万事如意！我提议，我们共同举杯，为×中光辉灿烂的明天，干杯！

范文在线赏析二

【场合】教师节宴会

【人物】校领导、老师

【致辞人】校长

尊敬的各位领导、全体老师们：

大家好！

在这硕果丰收的金秋时节，我们迎来了第××个教师节。今晚，我们欢聚一堂，共同庆祝大家的节日。在此，我谨代表学校领导，向辛勤耕耘在教育第一线上的老师们致以节日的问候和诚挚的祝福！

百年大计，教育为本。振兴民族的希望在教育，职业教育是教育的一个组成部分，肩负着培养高素质劳动者的重任。发展职业教育的号角已吹响，创办特色学校、构建和谐校园的目标已经明确，我们面对的是新的高度、新的目标、新的任务，我们要把过去的成绩当做新的起点，发扬××职校执著、进取的精神，用我们的聪明才智共同把职校的办学水平推向一个新的高度！

你们几十年的春华秋实，散发着永久的芬芳。在大家的辛勤耕耘下，在老领导、老教师们的言传身教和率先垂范下，我们的职校取得了优异的成绩，有了显著的发展。

在教师节来临之际，道一声珍重，说一声祝福！祝老师们身体健康、万事如意、再创辉煌！

最后，让我们共同举杯，为职业教育的发展，为老师们的辛勤劳作，干杯！

中秋节祝酒辞

范文在线赏析

【场合】庆祝晚会

【人物】公司全体人员、嘉宾

【致辞人】董事长

各位来宾，同志们、朋友们：

大家晚上好！

一年一度中秋到，每逢佳节倍思亲，又到了中国人传统的中秋佳节，我们在这里齐聚一堂，共叙友情，共庆佳节。心中充满了欢欣和喜悦。感谢大家多年来对××的付出与奉献，在此，我谨代表公司董事会向各位致以最真挚的问候和最诚挚的祝福！

虽然我们来自五湖四海，但××把我们聚集到了一起，是××的一草一木养育了我们。回首昨天，大家都曾为××的强大和发展付出过汗水和心血，你们所作出的贡献，我们将永远铭记心中！

十几年的锻造，使我们的团队更加精诚团结，使我们的员工更加尽职尽责。这些年来，在激烈的市场竞争中，我们的实力不断增强，我们的规模不断扩大……这一切无不昭示着一个强大集团的蓬勃朝气和生生不息的动力。

举杯望明月，天涯共此时。我真诚地希望今年的中秋月更圆、人更圆。我再一次跟各位道一声祝福，说一声平安，并通过你们，向你们的家人致以亲切的问候，祝大家中秋节快乐！

最后，我提议：为了××6000多员工的幸福生活，为了××人日渐深厚的情谊，为了朋友们的健康快乐，也为了××辉煌灿烂的明天，干杯！

重阳节祝酒辞

范文在线赏析

【场合】庆祝宴会

【人物】区委领导、老同志代表

【致辞人】区委书记

尊敬的各位老领导，同志们：

岁岁重阳，今又重阳。今天，能与各位老领导、老同志欢聚一堂，共庆我国传统节日重阳佳节，我感到由衷地高兴。在此，我代表区委办公室全体职工向你们表示节日的慰问，并致以崇高的敬意！

尊重老同志就是尊重党的历史，爱护老同志就是爱护党的财富。在你们面前，我们永远是晚辈，永远是学生。

尊重和孝顺老人，是做人做事的起码要求。我们区委办公室历来就有尊老爱老的优良传统，我们一定会团结全体干部职工，更加重视老干部工作，继续按照“再苦不能苦老同志，再难也要从优照顾好老同志”的要求，喜老同志之所喜，忧老同志之所忧，更富有成效地做好老同志工作，在政治上关心老同志，在生活上照顾好老同志，确保老同志待遇，真心诚意解决好各种实际困难，努力把为老同志服务的工作做得更细、更实、更好。我们衷心祝愿各位老领导、老同志晚年幸福、老有所乐、老有所为，继续为建设富裕文明、和谐安康的新××发挥余热，献计献策，作出新的贡献。

最后，受××副书记委托，我代表区委办公室全体干部职工，向各位老领导、老同志敬上一杯薄酒。

现在，我提议，为各位老领导、老同志生活幸福、健康长寿，干杯！

国庆节祝酒辞

范文在线赏析

【场合】庆祝宴会

【人物】市领导、来宾

【致辞人】市长

女士们、先生们，同志们、朋友们：

大家好！

×××年激情岁月，×××载春华秋实，伟大的中华人民共和国迎来了又一个华诞。今夜，××万群众欢庆，××中心胜友如云。在此，我代表××市人民政府，向全市人民和在我市工作、生活的海内外朋友，致以亲切的问候！向所有关心和支持我们发展的同志、朋友，表示衷心的感谢！

新中国成立××年来，特别是改革开放以来，中国发生了历史性的巨变。从此，中华民族迈开了实现伟大复兴的雄健步伐。神州大地充满生机。

我市处处呈现出欣欣向荣的景象，经济建设保持了良好的发展势头，人民生活进一步改善，科技、教育、文化、卫生等各项事业蓬勃发展。

沧桑巨变今胜昔，明珠熠熠耀前程。中央要求我们率先全面建成小康社会，率先基本实现现代化，这是我们的光荣使命。我市人民要紧密团结在以习近平同志为总书记的党中央周围，求真务实，艰苦奋斗，开拓创新，服务全国，向着社会主义现代化国际大都市和国际经济、金融、贸易、航运中心之一的宏伟目标迈进！

现在，我提议：为庆祝中华人民共和国成立××周年，为伟大祖国的繁荣昌盛，为各位来宾和朋友的身体健康，干杯！

节庆祝酒辞盘点

新春、元旦、中秋节可用的祝辞贺语

但愿我寄予你的祝福是最新鲜、最令你百读不厌的，祝福你新年快乐，万事如意！

愿新年的钟声，敲响你心中快乐的音符；原幸运与平安，如春天的脚步紧紧相随！春华秋实。我永远与你同在！

新春贺喜，让新春的风吹进你的屋子，让新春的雪飞进你的屋子，让我新春的祝愿，飘进你的心里。

让平安坐上开往春天的地铁，让快乐与你不见不散，让祝福与吉祥一个都不能少，让你的温馨和浪漫没完没了！祝新年快乐！

心到、想到、得到、看到、闻到、吃到、福到、运到、财到，中秋节还没到，但愿我的祝福第一个到。提前祝你中秋节快乐！天天好心情！

月亮是诗，星空是画，愿所有的幸福伴随你；问候是春，关心是夏，愿所有的朋友真心待你；温柔是秋，浪漫是冬，愿所有快乐跟随你。

月圆的夜，是你的夜也是我的夜；藤萝架下听故事，是你的心也是我的心；桂花飘逸，是你的香也是我的香；中秋祝福，是你的愿也是我的愿。

劳动节、教师节用贺词

您用勤劳的双手，创造了美好的生活，今天是您的节日，祝您节日愉快！平时工作忙碌碌，趁着五一狂购物。两手不空满载归，慰劳自己绝不误！

五一，不妨出去走走。不妨放松呼吸，走向绚丽阳光，把发黄的心事交给流水，向远去的雾霭行个注目礼。

五彩缤纷的世界里，友情珍贵，在这长长的假日里，祝你快乐！

我是一棵绿树，沐浴着智慧的阳光，在您知识的土壤里，茁壮成长。

别后，漫漫岁月，您的声音，总在我耳畔响起；您的身影，常在我脑中浮现；您的教诲，常驻在我心田……在今天这属于您的日子里，恭祝您平安如愿！

您就像蜡烛，点燃自己，照亮别人，也像吐尽青丝的春蚕。为了让年轻一代得到攀登科学顶峰的“金钥匙”，您熬白了头发。费尽了心血。在教师节之际祝您身体健康、万事如意！

追忆似水年华，难忘师生情深。在那青涩的年代，老师郑重的嘱托为我们纠正了偏离的航向，是老师坚实的双手拖起我们灿烂的明天。

让阳光送去美好的期待，让清风送去我们深深的祝福，让白云和蓝天永远点缀你的生活，愿你的生活充满快乐！

当我们采摘丰收果实的时候，您留给自己的是粉笔灰染白的两鬓白发。向您致敬，敬爱的老师！

第九章

千杯美酒壮行色的送行酒

“渭城朝雨悒轻尘，客舍青青柳色新。劝君更尽一杯酒，西出阳关无故人。”古人通过诗歌，来表达朋友之间的依依惜别之情。如今，人们更习惯于为朋友准备一桌饯行宴，并送上感人至深的祝酒辞，将离别愁绪与祝福共同寓意酒中。

劝君更尽一杯酒

送行酒指的是为送行、饯别举办的宴会。有的是在朋友出国，去外地工作、学习，或毕业将要离开大家时，朋友们相聚一处，为其饯别，以壮行色；有的是东道主一方专门为来宾举行的宴会。在离别之前，专门为对方举行一次饯别宴会，不仅在形式上显得热烈而隆重，还往往会使对方产生备受重视之感，进而加深宾主之间的情谊。为来宾举办的送行酒宴的主要内容有：一是表达惜别之意，二是听取来宾的意见或建议，三是了解来宾有无需要帮忙代劳之事。四是向来宾赠送纪念性礼品。

无论哪种形式的饯别宴会，都以郑重其事地为对方送别为主题。饯别宴上的祝酒辞应表明欢送单位、欢送对象、欢送事由，表示热烈欢送。欢送语以说清楚上述内容要点为原则，要简短精练，不宜太长。如果是为同事送行，可以简单表达一下被欢送对象新的去向及所要从事的工作、所从事的新的工作有什么重大意义，最后对其提出热切希望，这是欢送者的赠言。如果是为访问团送行，一定要注意了解来宾来访期间的活动情况，访问所取得的进展（如交换意见，形成共识，签署了什么样的联合公报，发表了什么样的联合声明，有哪些科技、贸易、文化及其他方面的合作）等，得悉了这些情况，祝酒辞就会显得内容丰富而准确。如果是为考上大学的学子送行。可以多说一些鼓舞和勉励的话，并提出希望和祝愿。如果是为退休老同事送行，可以在上述内容的基础上，提出号召，号召其他人学习老同志认真负责的工作态度……总之，在送行宴上的祝酒辞要切身份、切事由、切范围，感情真挚。

送行酒应当既隆重，又热情、活跃，注意掌握情绪、气氛的变化，不能过于低沉、伤感、压抑。酒宴的主题应是明朗的、乐观的。也许会有朋友困难舍而潸然泪下，但不能因此而降低整个活动的基调。饯别活动可以包括用餐，也可以饭后进行。大家预备若干节目，还可以把当时的热烈情景记录下来，发视频给即将起程的朋友，让他无论走到何处，都能听到朋友的声音，感受到友情的温暖。大家还应向即将起程的朋友赠送纪念品，或在纪念册上题留赠言。在分别的时刻，拍摄几张有意义的照片，也是充满情趣和深意的活动。大家合影留念。最后，朋友们可以共同吟唱《友谊地久天长》。

为同事送行祝酒辞

范文在线赏析一

【致辞人】企业领导

【致辞背景】在同事辞职即将奔赴新单位之际致祝酒辞

朋友们：

今天我们怀着既高兴又有一些淡淡伤感的心情聚集在一起，为×××君送行。说高兴是因为×××君选择了一个他认为更适合自己发展的好单位；说伤感是因为×××君与我们共事期间，彼此建立了深厚的友谊，此次分别将天各一方，聚少离多，依依不舍是我们每个人心中的共同感受！

×××君毕业就进入我们单位，到现在已经20个年头了。20年中，他从一个刚出校门的学生成长为一名优秀的科研工作者、中层管理者、高级工程师、技术专家。20年在人类的历史长河中是短短的一瞬，在人生的漫漫征程中却是一段值得珍惜的时光。×××君在这20年中。见证了我们单位由小到大、由弱到强的历史，同时也在这片热土上奉献了青春，洒下了汗水，作出了积极的贡献。这其中，有胜利的喜悦，有失败的痛苦，但是大家风雨同舟地走过来了，现在回头看看我们走过的路。感到由衷的欣慰。虽然我们不愿意离别，但还是衷心地祝愿×××君能在新的工作岗位上闯出一片天地，干出一番事业，老朋友们、老同事们永远支持你！

《三国演义》开篇就讲“天下大事，合久必分，分久必合。”人事小事当然也是这个道理，铁打的营盘流水的兵，人才流动也是一个单位兴旺发达的标志。我们单位自成立以来，进进出出的人实在不少，有的来了又走，有的走了又来。无论以什么原因走了的，他们都没有忘记自己曾经为之努力奉献的这片热土，都在以不同的方式关注、支持我们单位的建设和发展。我们单位之所以取得今天的成绩，与我们那些分布在五湖四海的曾经的同事们的支持是分不开的。我们也真诚地希望×××君到新的单位、新的岗位上以后，时刻关注我们单位的发展，在力所能及的情况下，一如既往地支持我们单位的发展。

天下没有不散的筵席。有的同志要到新的单位发展了，我们要让他走得舒心、放心：为了我们共同的事业还要继续在一起工作的同事们要工作得称心、开心。让我们在不同的工作岗位上共同为祖国××事业的发展尽心尽力，书写我们人生的壮丽篇章。让我们大家共同举杯，衷心地祝愿×××君到新的工作岗位上以后，工作顺利、身体健康、合家欢乐、万事如意，干杯！

范文在线赏析二

【致辞人】企业领导

【致辞背景】在欢送同事出国学习的酒会上

亲爱的朋友们：

大家晚上好！今天是一个令人欣喜而又值得纪念的日子。因为经过公司的决定，×××同志将要出国发展学习。这既让我们为×××能有这样的机会而感到高兴，也使我们对多年共事相处的同事即将离开而感到难舍难分。

×××同志多年来作为公司的一名员工，他为人忠厚，思想作风正派；忠诚企业，爱岗敬业，遵守公司各项规章制度；服从分配，尊重领导，与同事之间关系和睦融洽。俗话说没有什么人是不可缺少的，这话通常是对的，但是对于我们来说，没有谁能够取代×××的位置。尽管我们将会非常想念他，但我们祝愿他在未来的日子里得到他应有的最大幸福。

在这里，我代表公司的领导和全体人员对×××所作出的努力表示衷心感谢。同时公司也希望全体人员学习×××同志这种敬业勤业精神，努力做好各自的工作。

“莫愁前路无知己，天下谁人不识君。”在此我们也希望×××继续关心我们的企业，并与同事之间多多联系。最后，让我们举杯，祝×××同志旅途顺利，早日学成归来，干杯！

升学饯行祝酒辞

范文在线赏析

【主题】饯行致辞

【场合】饯行宴会

【人物】学生、家人和来宾

【致辞人】主持人

尊敬的各位来宾，女士们、先生们：

大家好！

在这金秋送爽、锦橙飘香的日子，我们怀着喜悦，载着祝福，欢聚在这充满歌声、充满笑声、充满欢乐的××大酒店，共同庆贺××、××夫妇的公子××金榜题名，高中××大学。承蒙来宾们的深情厚谊，我首先代表××先生、××女士和××同学对各位的到来，表示最热忱的欢迎和最衷心的感谢！同时也请允许我代表在坐的各位向××先生、××女士和××同学表示最真心、最诚挚的祝贺！

人生有四大喜事：“久旱逢甘露，他乡遇故知，洞房花烛夜，金榜题名时。”

我们深切地感到，××夫妇教子有方，教子有成，劳苦功高；××同学学有所获，学有所得，心想事成。这里，我们再次恭喜××同学成功地迈出了人生重要的一步。

我提议，咱们共饮三杯，以示祝贺：

第一杯酒，为英才饯行！××同学即将远离亲人，远离家乡挑战人生，请接受我们共同的祝福：今日金榜题名、展翅高飞，明朝鹏程万里、前程似锦！

第二杯酒，我们真诚地祝福他：在新的人生征途上，用自己的智慧，用自己的勤奋，用自己的执着，再创佳绩，再创辉煌！以更优异的成绩凯旋归来，报答父母的养育之恩，报答父老乡亲的培育之情！回报社会，实现人生的美好价值！同时，我们也衷心祝愿××及其家人家庭幸福、万事如意！

第三杯酒，祝各位朋友一世平安、喜气洋洋、身体健康、财源广进、好事接连不断！

朋友们，来，干杯！

为访问团送行祝酒辞

范文在线赏析一

【致辞人】中共泰安市委副书记

【致辞背景】在陈香梅女士访问团欢送宴会上

尊敬的陈香梅女士，尊敬的各位来宾，女士们、先生们，朋友们：

大家好！

今天，我们怀着依依不舍的心情，在这里欢送著名文学家、教育家、国际社会活动家和友好爱国人士陈香梅主席及各位朋友。

陈香梅女士率团来泰考察访问，游览参观了雄伟壮丽的泰山，并观看了丰富多彩的文艺演出，发表了热情洋溢的演讲，展望了双方合作交流的美好前景。通过这次访问，使各位对泰山、泰安有了进一步的了解，相互之间增进了友谊，加深了感情，架起了广泛开展合作交流的桥梁。我相信，通过我们双方的共同努力，在今后的合作和交流中必将取得更加丰硕的业绩。

短暂的聚会是为了明天更好的交流，让我们的友谊长存。真诚地希望通过陈香梅女士一行，有更多的朋友到泰安来，登山游览，休闲度假，投资兴业，与我们携手共创美好未来。

现在，让我们为陈香梅女士一行访问的成功，为各位来宾的身体健康，事业顺利，干杯！

范文在线赏析二

【致辞人】接待方领导

【致辞背景】在欢送外国访问团的宴会上

尊敬的女士们、先生们：

首先，我代表×××，对你们访问的圆满成功表示热烈的祝贺。

明天，你们就要离开××了，在即将分别的时刻，我们的心情依依不舍。大家相处的时间是短暂的，但我们之间的友好情谊是长久的。俗话说的好："来日方长，后会有期。"我们欢迎各位女士、先生在方便的时候再次来××做客，相信我们之间的友好合作会日益增强。

莺歌燕舞，杨柳依依，好山好水好心情，祝大家一路顺风，万事如意。干杯！

大学毕业送行祝酒辞

范文在线赏析一

【致辞人】院系老师

【致辞背景】在大学毕业宴会上

同学们：

报纸上曾经刊登过这样一则科技消息：数有年轮，人类有年轮，社会也有年轮。新春佳节是中国人年轮发生变化的标志性时刻，而我们老师和学生的年轮，总是在一个学年结束，尤其是学生毕业时候，最明显地体现出来。在座毕业班的同学将开始构建自己新的年轮，走向新的辉煌。为此。我作为一名普通老师，向大家表示热烈的祝贺！我想借此机会提出两点希望：

首先，要乐观地对待人生，永远保持青春的活力。人生犹如一列在丘陵地带行驶的火车，有时穿行在平坦的原野，有时又得在隧道或斜坡上运行，但不管怎样，心中应该总是光明的、坦然的，正如杰出的女革命家卢森堡所说的："不论我到哪儿，只要我活着，天空、云彩和生命的美会跟我同在。"同学们毕业后会遇到各种各样的情况，认为生活的道路铺满鲜花、锦绣，固然有点天真浪漫，但是，把现实生活看得过于冷峻，反而不利于心理的平衡。我们正处在一个伟大的时代，对于你们青年来说，正是大有用武之地，没有理由不对生活和以后的命运充满自信！

其次，不要用"平平淡淡总是真"这样的话来谈自己的奋斗信念。“平平淡淡总是真”是大家非常熟悉的流行歌曲中的句子。对生活中有些事情，要看得平淡一点、淡泊一点，但是，倘若我们连做一些不平凡业绩的想法都没有，那么，这种所谓的“平淡”“平凡”，说到底，不过是甘于平庸的代名词而已。毕业是一个人生阶段的终结，然而又是一个新的历程的开端，同学们再也不是“天之骄子”了，而应当成为矫健的雄鹰。记得一位战斗英雄说过这样的话：“在战场上。即使我倒下去了，我的目光也要看着前面。”我们就需要有这种不断进取的精神。

同学们！每一个人都有自己的母亲，每一个现代学子都有自己的母校。我们感谢第一个把“母亲”和“毕业学校”联系在一起的人。我们感谢第一个用“母亲”来形容毕业学校的智者。历史文化名城中的这所高等院校即将成为在座毕业生的母校了，我相信同学们一定不会忘记这个母校，不会忘记这个“母系”。“系”这个字，在另外一种场合又读做“ji”，也就是扣住、拴住的意思。我相信毕业班的同学们会用一根纯真的感情红线，把这所高等院校，把我们××系永远系在心中、扣在心田、拴在心上！

祝毕业班的同学们大展宏图，万事如意！干杯！

范文在线赏析二

【致辞人】班长

【致辞背景】在大学毕业宴会上致祝酒辞

亲爱的同学们：

今宵我们又欢聚一堂。只是，今宵的聚首是为了离别。就要离别了，我们每个人的心里都有很多话要讲。

四年前，我们从祖国的大江南北、四面八方来到了大学校园。四年的同窗生活中，我们同心并肩。一起走过了风风雨雨的日子。

犹记得，大海边，我们中秋聚首赏明月；

犹记得，长城上，我们烈日挥汗诉豪情；

犹记得，田径场，我们奋力拼搏争荣誉；

犹记得，教室里，我们埋头苦读修人生；

犹记得，校园里，我们点点滴滴的纯真故事。正是这点点滴滴，情深、意长。我们一生都忘记不了。在10年、20年、30年之后，我们细细地回想这一切时，我们仍会记得那菁菁校园里的良师益友，仍会记得那流金岁月里的成长故事。

要离别了，我想起了古人的十里长亭别友人，那是一丝丝的忧愁和悲壮，但我们拥有更多的快乐和更多的豪情。“十年寒窗苦，今朝凌云志”，我们就要怀着成熟的人生理念、丰富的专业技能踏上工作的岗位了。曾经有一首歌中唱道：“再过20年，我们来相会。”今天，让我们也来相约20年。20年后，希望我们在座的各位中既有IT界的精英，又有军队里的将才，更有企业界的巨子，我相信我们大家都将会在各自的岗位上做出一番骄人的业绩。

古语云：无酒，何以逢知己；无酒，何以诉离情；无酒，何以壮行色。让我们举起杯，为了我们这四年的相聚；为了我们的相约20年；为了我们辉煌灿烂的明天。干杯！

范文在线赏析三

【致辞人】教师

【致辞背景】在大学毕业告别宴会上

同学们：

举杯祝贺你们，祝贺你顺利完成了三年的学习！当你们带着求学的梦想坐在课堂上，我就知道你们早就等待着这一天的到来。有你们的学海遨游，有你们的满载而归，才有我们做老师的宽慰号快乐。今天我们没有唱田汉创作的千万人唱过无数次的《毕业歌》，今天我们没有载歌载舞的盛大庆典，但并不代表我们没有激动与兴奋。当夏日的海风扑面而来，当夏日的蝉儿再一次在教室旁的树阴里放歌，当我们师生再一次共同举杯，我看到了写在你们脸上的微笑。三年的风风雨雨，我知道你们一定有很多很多的话要说，三年的酸甜苦辣，我知道它已化成了你们人生中一段难忘的回忆。

同学们，请举起你们的酒杯，尽管我们明天没有天涯海角的离别，我们仍感到一丝恋恋不舍。求知的你们是如此的美丽，美丽得让我永世难忘；求知的你们是如此的潇洒，潇洒得让你们找到了生命别样的乐趣。尽管求学的日子没有跋山涉水的风光迷人，尽管攀登书山曾让你们一度愁眉紧锁，尽管一道道难题亦似乎让你们走进山重水复的迷宫，但你们分明看到了柳暗花明、豁然开朗的世界。爬上书山，一览众山小的感觉定让你们内心一振，所有的疲惫顿时荡然无存，七色的云彩在天边向你们展示出动人的倩影。

同学们，你们永远是我们最亮丽的风景。我们老师只是你们暂时的摆渡者，前面的路更长更远，我们会关注着你们前行的身影，等待着你们的佳音。只要抱着“黄沙百战穿金甲，不破楼兰终不还”的决心，相信你们的理想定能实现！“乘风破浪会有时，直挂云帆济沧海”的那一天定会到来！

同学们，尽管我们平时不胜酒力，但今天我们一定要干了这一杯！为了曾经的过去，也为了你们更加美好的未来，干杯！

范文在线赏析四

【致辞人】毕业生

【致辞背景】在大学毕业欢送会上

各位领导、老师和同学们：

大家晚上好！

首先让我代表班主任李老师和全班同学对各位领导和老师的到来表示热烈的欢迎！

光阴似箭，日月如梭，四年的大学生活即将结束，此时此刻我们的心情非常激动！四年来，伴随着恩师的教诲，我们知道了怎样做人、学习；四年来，伴随着朋友的关怀，我们知道了怎样交往、生活。然而此刻我们即将离开这美丽的校园、慈爱的老师和友好的同学。

但是我们不会忘记母校，这个曾给予我们知识和能力的殿堂；我们不会忘记，为了我们的成长而辛勤耕耘的领导和老师；我们更不会忘记，在校四年我们所结下的深厚情谊。

然而，时光无情。离别的心是隐痛的，分别的情是伤感的。但有一句话说得好，今天的分离是为了我们明天更好的相聚。

一粒种子总要找到一片适合自己生长的土壤。因为只有在那里才能开出更鲜艳的花朵；一滴水总是要回归大海，因为只有在波涛汹涌的大海中，它才能绽放出生命的光彩。我们又何尝不是？学校只是暂时避风的港湾。我们前方的路还很长，我们还需要去跋涉，去征服。

大学生活的故事与心情对于每个人来说都是一首唱不完的歌。明天又有太多太多的故事需要我们去书写。我想只要我们心中拥有一片希望的田野，勤奋耕耘，终将会收获一片金黄。

今晚时光美好，今晚感情真挚，今晚酒色醇香。此时此刻我提议：让我们共同举杯，为我们美好的明天而干杯！

希望各位今晚都能玩得开心，聊得畅快！

最后祝大家在今后的日子里都能快乐伴随每一天。谢谢！

欢送领导祝酒辞

范文在线赏析一

【场合】欢送宴

【人物】新老领导、来宾

【致辞人】县长

各位领导、各位同仁：

今天，我们欢聚一堂，一是欢送离开××县工作的各位领导，二是欢迎到××县工作的新同志。

首先，我提议：我们以热烈的掌声向为××县经济、社会事业作出巨大贡献的各位领导表示衷心的感谢！向到××县工作的新同志表示热烈的欢迎！

各位领导，你们的工作，我们不会忘记！你们对××县的贡献，××人民不会忘记！在此，我再次提议，我们以最热烈的掌声，对你们的成绩表示祝贺！对你们给××县所作出的卓越贡献表示衷心的感谢！

同时，我也真诚地希望：离开××县工作的老领导，请把你们的好经验、好方法留给我们，并一如既往地支持、帮助××县的发展！即将退下线的老同志要站好最后一班岗，对新来的领导干部要起好传帮带的作用，为××县的发展再作新贡献！这次提拔和交流来的新领导。我和你们一样都要虚心地向各位老领导学习，深入基层调查研究，认真学习、认真做人、认真工作，继往开来，努力开创××县跨越发展的新局面！

谢谢大家！干杯！

范文在线赏析二：欢送老校长宴会祝酒辞

【场合】欢送宴会

【人物】学校领导、嘉宾

【致辞人】继任校长

同志们：

今天。我们怀着依依惜别的心情在这里欢送××校长去××中学任校长、书记！

××同志在××中学工作十年期间，工作认认真真、勤勤恳恳，分管教育、教学工作成绩突出，为学校的发展作出了很大的贡献，我谨代表三千多名师生以热烈的掌声向××校长表示衷心的感谢！同时。我也衷心地希望××校长今后继续支持关心××中学的发展。也希望××中学与××中学结为友好的兄弟学校，更希望您在百忙中抽空回家看看，因为这里有您青春的倩影，这里是您倾注过心血和汗水的第二故乡。

下面，我提议：为了××校长全家的健康幸福、为了我们之间的友谊天长地久，干杯！

为客商送行祝酒辞

范文在线赏析

【致辞人】南宁市领导

【致辞背景】在江南区"两会一节"客商欢送会上

各位朋友、各位来宾，女士们、先生们：

大家下午好!

闻名中外的"两会一节"经过这几天的活动已告一段落。连日以来，大家废寝忘食、不辞劳苦、身体力行，赶会场、忙考察、深入洽谈，共同谋划"构建新江南、建设大江南"宏伟蓝图，取得了丰硕的成果。在此，我代表中共江南区委、江南区人民政府对18家企业60多位嘉宾的辛勤劳动表示衷心的感谢！向前来江南区访问、考察、投资的广大客商表示诚挚的问候！对所取得的成果表示热烈的祝贺!

开放的江南、投资的热土。现在生机勃勃的南宁正值一派热火朝天的开发新气象，越来越多的中外客商将投资目光锁定南宁、锁定江南，我们看到江南未来的发展及希望。我们将汲取广大客商的宝贵意见，融入到我们的发展理念中，以现代都市的标准建设高品位、高层次的江南，我们将借鉴国内外成功的先进经验，坚定信心，强化服务，创造宽松的投资环境，为建设时尚美丽的大江南努力。

有道是：相见时难别亦难。今天的成功只是我们合作双赢的一个良好开端，也是在政府与企业之间架起的友谊桥梁。我们相信，在政府的支持和企业的努力下，我们的沟通会更加密切，我们的交流会更加融洽，我们的长期合作一定会更加圆满成功！

送行祝酒辞盘点

你有你的路，我有我的路，但忘不了我们在一起的朝朝暮暮，无论路途多遥远，无论天涯海角，请别忘记我送你的最衷心的祝福。

人生路漫漫，你我相遇又分离。相聚总是短暂，分别却是久长，唯愿彼此的心儿能紧紧相随，永不分离。

我们匆匆地告别，走向各自的远方，没有语言，更没有眼泪，只有永恒的思念和祝福，在彼此的心中发出深沉的共鸣。

不要说珍重，不要说再见，就这样，默默地离开。但愿，在金色的秋季，友谊之树上将垂下丰硕的果实。

我珍惜人生中每一次相识，天地间每一分温暖，朋友间每一个知心的默契；就是离别，也将它看成是为了重逢时加倍的欢乐。

蓝天上缕缕白云，那是我心头丝丝离别的轻愁；然而我的胸怀和长空一样晴朗，因为我想到了不久后的重逢。

几年的时间，我们共同经历了太多的欢乐与无奈，也许这就是人生。因为失去童年，我们才知道自己已经长大；因为失去岁月，我们才知道时间的珍贵。星光依旧灿烂，激情依旧燃烧，因为梦想，所以我们存在，你在你的领域不惜青春，我在我的路上不知疲倦。你即将离开，我把所有的祝福和希望，悄悄地埋在你的身边，让它们沿着生命的前进而生长，送给你满年的丰硕与芬芳。

第十章

幽香拂面，紫气兆祥的开业酒

地上鲜花灿烂，天空彩旗沸腾。火红的事业财源广进，温馨的祝愿繁荣昌盛。在热闹的开业庆典上，人们喜气洋洋，幽香拂面，主宾互敬祝酒辞，以志喜庆贺，以表酬谢。开业祝酒辞为人们助兴，并带来无限的祝福和欢乐。

开业祝酒辞的结构

开业庆典（又称开张庆典）主要为商业性活动，小到店面开张，大到酒店、超市、商场等的开业典礼，开业庆典不只是一个简单的程序化庆典活动，而是一个经济实体形象广告的第一步。它标志着一个经济实体的成立，同时向社会各界人士昭示——它已经站在了经济角逐的起跑线上。开业庆典的规模与气氛，代表了一个企业的风范与实力。公司通过开业庆典的宣传，告诉世人，在庞大的社会经济肌体里，又增加了一个鲜活的商业细胞。

从客观上来看，一个单位的开业庆典，就是这个单位的经济实力与社会地位的充分展示。从来宾出席情况到庆典氛围的营造，以及庆典活动的整体效果，都会给人一个侧面的诠释。通常来说，人们习惯用对比的方法来看待开业庆典，比如某商场举行开业庆典，人们首先想到的是，与其同等规模的其他商场开业时的情形，对比之下，人们会对新开业的商场持有一种看法，也就是认知程度的问题。如果印象比较好，人们对商场的信赖程度就会提高。无形之中就会成为一种潜在的顾客。

开业庆典是一个经济实体的外貌展现，形象树立如何，走好关键的第一步尤为重要。要迈好这第一步，庆典仪式方案及与之相关的庆典道具运用，无疑是挂“帅”点“将”，十分重要。

开业祝酒辞的结构由以下四部分组成：

第一部分为称呼

称呼要考虑对象。宜用亲切的尊称，如“亲爱的朋友”“尊敬的各位来宾”等。

第二部分为开头

开头要向来宾的光临和支持表示真挚的感谢。

第三部分为正文

简要概述该机构的一些特点、优势。其所能提供的服务功能。

第四部分为结尾

对来宾表示自己的祝福。

在致开业祝酒辞时一定要顾及到所有邀请的目标公众，绝不能疏忽大意，顾此失彼。只有照顾到了各方来宾，才能维系好各方关系，才能为今后的发展打下坚实基础。

公司开业祝酒辞

范文在线赏析

【主题】开业祝酒

【场合】庆典宴会

【人物】领导、来宾、公司员工

【致辞人】公司领导

尊敬的各位领导、各位来宾、女士们、先生们：

上午好！今天是××公司开业的日子，我谨代表××公司全体员工向在百忙之中抽出时间出席开业庆典的各位领导和来宾表示热烈的欢迎和衷心的感谢！正当举国上下欢庆国庆之际。××经营管理人才中心下属的××公司正式挂牌成立，这有着特殊的、积极的、深刻的意义。文化产业不论是在国际还是在国内已经有着超好的发展态势和发展环境。纵观当今世界，文化产业已经成为发达国家国民经济收入的主要来源。××公司的奋斗方向就是要培养、塑造企业文化，发掘、提炼地区文化，精选、传播民族文化，成为先进文化的传播者，最终屹立于先进文化之林。

……

各位领导，各位来宾，××公司的梦想需要全公司人员的精诚团结、努力开拓来实现，更需要新老朋友携手相助，共同奋斗！

再次感谢各位领导和嘉宾的光临，你们的关怀是对我们最大的鼓励和有力的支持！

最后，祝愿大家身体健康，万事如意，干杯！谢谢！

餐饮业开业祝酒辞

范文在线赏析

【场合】庆典宴会

【人物】市领导、酒店领导、嘉宾

【致辞人】总经理

尊敬的领导、来宾，各位业界同仁和朋友们：

大家好！

很高兴在今天这个特别的日子里，我们能够相聚一堂，共同庆祝××大酒店隆重开业！

首先，请允许我代表××大酒店的全体员工，向今天到场的领导、董事长和所有的来宾朋友们表示衷心的感谢和热烈的欢迎！

××大酒店位于××市中心地带，集商铺、办公、酒店、餐饮、休闲、娱乐于一体，是按照四星级旅游涉外酒店标准投资兴建的新型综合性豪华商务酒店。

御井招来云外客，泉清引出洞中仙。在百业竞争、万马奔腾的今天，特色就是优势，优势就是财富。

正如我们的董事长所说，××大酒店是“我们××人智慧和汗水的结晶”。它的筹划和诞生，倾注了我们××人的所有心血，凝聚了××全新的信念。欣慰的是，有这么多的朋友默默地关心和支持着我们，陪伴我们一路走来。其中，有××市领导的高度重视和政策指导，有我们××集团高层的殷切关怀和鼎力扶持，有社会各界朋友的热心帮助等，让我们感激不尽。

为此，我将携全体工作人员，用良好的业绩来回报各界，为××市进一步的繁荣昌盛添上辉煌灿烂的一笔！绝不辜负领导、董事长和社会各界的期望！

最后，我要特别感谢××市领导的莅临指导，感谢董事长于百忙之中能够亲临开业现场致辞！再次感谢各位朋友的光临！干杯！

谢谢大家！

工程奠基仪式祝酒辞

范文在线赏析一：城市建设工程奠基仪式祝酒辞

【场合】奠基仪式宴会

【人物】市领导、镇领导、嘉宾

【致辞人】市长

各位来宾、同志们：

十月，是流金的岁月，是收获的季节，满眼都是硕果累累，扑面而来的都是果实飘香，双耳闻听处处捷报频传。

今天，我们非常高兴地参加××镇××开发工程奠基仪式。首先，我代表市委、市政府对此表示热烈的祝贺！并向前来参加奠基仪式的各位来宾和同志们，表示热烈的欢迎！

今天，××工程正式开工建设，可以说，××镇在“经营城镇”方面迈出了可喜的一步。同时，××镇作为千年古城，是全市小城镇建设重点镇，自古是我市政治、经济、文化的中心。开发公司选择××为合作伙伴，可以说是非常有远见卓识的，在不久的将来，投资者必将获得丰厚的回报。

××开发工程作为一项高标准规划的城镇建设工程，需要社会方方面面的共同努力来完成。在此，希望建设单位精心组织，规范施工，高标准、高质量、高速度地完成工程建设。有关部门和当地政府要进一步关心、支持工程建设，积极帮助解决工程中遇到的问题，同心协力推进工程建设。

最后，预祝工程建设进展顺利、双方合作圆满成功！衷心祝愿各位来宾、同志们工作顺利、身体健康！干杯！

谢谢大家！

范文在线赏析二：房地产开发工程项目奠基仪式祝酒辞

【场合】奠基仪式宴会

【人物】项目负责人、市领导、区领导、嘉宾

【致辞人】房地产开发商

尊敬的各位领导、各位来宾：

大家好！

在一年一度新春佳节即将到来的美好时刻。我们在此举办××工程项目开工奠基典礼。首先请允许我代表我们××房地产公司的领导，向此次参加开工奠基仪式的各级领导、所有来宾和全体朋友们表示热烈的欢迎和衷心的感谢！

我们××房地产公司的服务宗旨是：为人民营造美丽、舒适的生活家园！而××大道是我区最后一处危陋平房，原住居民2600余户，公建单位44家。多年来，这些居民和单位一直生活在低洼潮湿的危陋平房里。雨季积水漫过床，冬天四壁透风黄土扬。××大道的拆迁改造。是政府为老百姓改善居住环境的一件大好事，符合实际，顺乎民心，同时是我公司服务宗旨的具体体现。我们在做好××大道拆迁的基础上，为了给区域经济发展提供更大的发展空间，为进一步增强我公司的经济实力和发展后劲。经过我们艰苦奋斗、顽强拼搏，终于迎来了××项目开工的大喜日子。

××项目规划建筑面积××万平方米，该项目的建设是我区巩固创建市级城市卫生区和构建和谐城市的重要组成部分，是保持我区财政收入持续快速发展的重要手笔，也是加快城市建设步伐的有

力保障。为此我们决心抓住这千载难逢的机遇，全力以赴，通力配合，扎扎实实地做好各项协调工作，尽心竭力提供各种优质服务，努力为××项目营造一个宽松的施工建设环境，力争将这一工程建设成为我区的形象工程和地标性建筑。

正所谓，上下一心、众志成城，今天的成功离不开众人的帮助与关心。在此，我们衷心感谢市、区各位领导和各有关部门为××项目的顺利开工提供的全方位的服务和支持，以及为××项目的早日竣工所付出的心血和努力。

最后预祝××工程项目建设取得圆满成功。干杯！谢谢大家！

大厦开盘祝酒辞

范文在线赏析

【致辞人】大厦经理

【致辞背景】在大厦开盘答谢酒会上致祝酒辞

尊敬的各位来宾、女士们、先生们：

大家晚上好！

今晚我代表××大厦项目的全体团队成员站在这里。想说的只有三句话。

第一是感动。今天我和在场的每一位来宾一起经历了一个难忘的日子：××大厦在经过×个月的精心筹备之后，终于将在这个月的下旬正式和大家见面了。这×个月对于我们来说是具有非凡意义的×个月。在这×个月里面。××大厦在全体员工的共同努力下，在各位朋友的支持和关注下从诞生到成熟，从默默无闻发展成为备受多方关注的商业地产项目。今天，请莅临酒会的各位朋友和我一起在这里共同分享××大厦成长的快乐。共同祝愿××大厦的辉煌未来。

第二是承诺。××大厦承诺以保障每个客户的利益为我们考虑问题的根本出发点。对于每一个投资××大厦的客户，我们都会充分的替您考虑到可能面对的所有风险和问题，并且我们会从操作模式上充分保障您的收益。我们的项目经营模式以及提供高质量的运营管理服务都是为了这一目标而服务的。

第三是感谢。感谢大家在百忙之中抽出时间和我们一起在这里共同分享大厦的成长欢乐，更要感谢大家一直以来对××大厦的关注和厚爱。没有你们的支持，就不会有××大厦的今天。在这×个月里，你们深深的信赖始终是我们战胜一个个困难，精益求精、打造建筑精品的动力。

最后，再次感谢大家光临××大厦的庆祝酒会，在不久的将来，我们会以项目的成功运作与良好的回报对每一个关注××大厦的客户作出回答。朋友们，让我们共同举杯共祝××大厦美好的未来，祝愿光临本次庆祝酒会的各位朋友身体健康，生意兴隆，万事顺利！干杯！

律师事务所开业祝酒辞

范文在线赏析

【致辞人】律师事务所所长

【致辞背景】在律师事务所成立晚宴上

尊敬的各位领导、各位贵宾：

大家上午好！

××律师事务所乘八面来风，应众心期盼，于××××年××月××日经司法部核准、省司法厅批准，在今天挂牌开业。值此庆典之际，我代表××律师事务所的全体工作人员对各位领导、律师界的同仁以及各位贵宾表示热烈的欢迎和真诚的感谢！

在这激动人心的时刻，我心潮澎湃，感慨万千。在律师事务所筹备期间，省司法厅、市司法局各位领导及诸多朋友给予了事务所最大的帮助和支持。在此，请允许我真诚地向你们致谢！

本所将着力为中小企业提供法律服务，为行政机关当好参谋，为企业经济发展做好顾问，为社会弱势群体提供法律援助。为促进社会和谐、经济发展作出贡献。

没有热忱，事业就不会沸腾。法律就像田地、机器一样，不经运作将毫无意义，而运作的好坏则是关键。我们正是在心中对法律怀有热爱。对正义怀有渴望，对社会怀有思考才投身于律师这一职业，我们所求的不仅是定纷止争，更谋求未雨绸缪，为社会的长治久安作出我们应有的贡献！

诚然，创业伊始，我们还是一棵幼苗，但我们渴望长成参天大树。在我们的成长与发展过程中，我们真诚地希望各位领导继续给予关怀和支持，欢迎新闻界的朋友多多给予舆论监督，也希望律师界同仁给予更多的关心和帮助，更希望各位能够给我们批评和指正，这一点对我们来说尤为宝贵！

最后，我谨代表××律师事务所全体工作人员，向大家再次致以最诚挚的祝福与感谢！

让我们举起酒杯，为天下太平，为正义、公正和真理，干杯！

画廊开业祝酒辞

范文在线赏析

【致辞人】画廊经理

【致辞背景】在画廊开业宴会上致祝酒辞

尊敬的各位朋友：

你们好！

走过春暖花开的春天，又迎来了金色的夏天。今天，××茶楼的员工们将以亲切热烈和无比感激的心情欢迎书画家和老朋友的光临。感谢你们五年来对我们的关心与支持！

为弘扬民族文化、提升茶楼品位、繁荣书画市场、推展我市名家名画，在各位艺术家、收藏家和书画爱好者的关爱与帮助下，×

××画廊今天正式挂牌。

为促进书画艺术的发展，画廊将举办各种书画展活动，还将邀请书画艺术家莅临，与广大收藏家、书画爱好者进行面对面的交流。使您在欣赏佳作的同时，也能品味到艺术家高尚的人格魅力。

企业家常说：以质量求生存，以信誉求发展。为广大收藏爱好者提供高质量、高品位、有收藏价值的作品是画廊的天职和得以生存的基础，只有确保书画的真实性，画廊才能有持续发展的空间。为了艺术，我们将尽一切可能为您提供最诚挚、最优质的服务。茶香、墨香，凝结着人生最珍贵的友情和祝福，迎来送往，呈现出生活的艰辛和精彩。正因为有了你们才有了×××画廊，今天的××茶楼，带着新意、带着友情、带着朋友们的祝福和期盼，以自己的文化特色走在竞争激烈的行业前列。

希望在座的各位朋友一如既往地支持我，请允许我代表全体员工真诚地向你们道一声：谢谢你们！让我们一起翱翔在艺术的天地里！谨以杯中酒，顺祝在座的各位朋友身体健康，家庭幸福，开心快乐每一天！干杯！

医院开业祝酒辞

范文在线赏析

【致辞人】医院院长

【致辞背景】在庆祝医院开业的晚宴上

尊敬的各位领导、各位来宾、朋友们：

大家上午好！

春回大地，万象更新。在这春暖花开、春意盎然的美好季节，××医院在各级领导的关心和支持下，今天正式开业了。

首先，请允许我代表××医院全体员工，向前来参加开业庆典的各位嘉宾表示热烈的欢迎！向关心、支持和帮助××医院发展的各位领导、新闻媒体、社会各界朋友表示衷心的感谢！

××医院是我市卫生局批准的一家综合性医疗机构，是我市第一人民医院技术指导医院。医院配套设施完善，装修精美，格调高雅，布局合理，环境优雅，医院设内科、外科、妇科、儿科、中医科……

我们将努力构建和谐医患关系，积极开展“同样的医德比医风，同样的技术比效率，同样的质量比信誉，同样的效果比费用，同样的条件比快捷”活动，不断推进医院“品质、疗效、服务、环境”的建设步伐，全面提高医疗技术服务水平，合理规范医疗技术服务价格，以高品质的医疗技术服务，至真至诚，奉献社会，提高我市东部居民的健康水平。

我们有理由相信，××医院的开业，一定会为东区的居民朋友带来更加优质的医疗服务，给东区的医疗行业注入新的活力。我们更加相信，有市、区各有关部门营造的良好环境，有广大人民群众的支持和厚爱，我们一定会不负众望，把健康事业做得更好！

在未来的发展中，我们也恳请各位领导、嘉宾给予××医院一如既往的关怀和支持。

各位领导和嘉宾能在百忙之中亲临这个晚宴，是我们的荣幸和骄傲，再一次向各位领导、嘉宾表示热烈的欢迎和衷心的感谢！最后，我提议：为各位领导、嘉宾的身体健康，工作顺利，合家幸福，干杯！

婚纱影楼开业祝酒辞

范文在线赏析

【致辞人】影楼经理

【致辞背景】在婚纱影楼开业典礼上

各位来宾、各位朋友：

大家好！

金秋的阳光温馨恬静，十月的秋风和煦轻柔，仰望蓝天，白云飘逸悠然。在这硕果飘香的喜庆之日，大型婚纱影楼——××××隆重开业了！值此开业之际，我谨代表××××的全体员工，向各位宾朋的到来表示热烈的欢迎和诚挚的感谢！向光临影楼的幸福情侣表示衷心的祝福。

××××婚纱影楼经过精心装修，投入巨资，打造了超豪华实景影棚，新购多款当今世界流行时尚的极品婚纱、礼服，聘请具有新思想、新理念、新摄影手法的婚纱摄影界领军摄影师和引领时尚主题的化妆造型师，为您提供精心周到的服务，让您领略婚纱摄影极品店的舒适与豪华！

在此，××××婚纱影楼向幸福情侣们郑重承诺：我们将以“亲切·专业·创意一领先”的经营理念，竭诚为您服务。

“乘风破浪会有时，直挂云帆济沧海。”××××婚纱影楼的全体员工将以精诚合作的团队精神，在婚纱摄影的天地间尽显风采！

我们真诚祝愿天下有情人终成眷属，祝愿终成眷属的有情人恩爱幸福，天长地久！

让我们斟满酒杯，为各位来宾的身体健康、生活幸福，干杯！

开业祝酒辞盘点

我们坚信：公司一定会更加兴旺发达，公司的明天一定会更好。

穿越有梦，穿越的梦需要穿越人精诚团结，努力开拓，奋力实现；穿越有梦，穿越的梦更需要新老朋友携手相助，共同托起！再次感谢各位领导和嘉宾的光临，你们的关心是对我们最大的鼓励和有力的支持！

这滚滚东去、一泻千里的大江，是最令人仰慕的。愿我们都有大江似的抱负、大江似的理想、大江似的气魄、大江似的事业！

生意兴隆财源广，旺铺开张喜报迎。

朋友，祝事业越办越红火！大展宏图！

一纸信笺，一份真情，一份信念，祝开业吉祥，大富启源！

美好祝愿展翅飞，友谊事业皆增辉。

从你身上，我感受到力的庄重，闻到创业者身上泥土的气息，看到了人生惊人的创造力。

你面对挑战总是那么自信！祝贺你，又成功向前迈了一步。

您不图舒适和轻松，承担起艰巨的重负，在别人望而却步的地方，开始了自己的事业。我由衷地预祝您成功！

幽香拂面，紫气兆祥，庆开业典礼，祝生意如春浓，财源似水来！

信息、价格、市场、质量……都富有挑战性，充满紧迫感。相信您一定能以不断进取的精神，在竞争中成为胜利者。

成功者的经验在于用挫折铸成矛，刺向未来道路上的重重障碍。愿您持矛奋勇前进！

开拓事业的犁铧，尽管如此沉重，但您以非凡的毅力，一步一步地走过来了！愿开工典礼的掌声。化作潇潇春雨，助您播下美好未来的良种！

第十一章

美酒佳辞送功臣的庆功酒

“人生得意须尽欢，莫使金樽空对月。”遇到值得庆祝的事，摆上一桌庆功宴是再自然不过的事情了，但庆功宴的目的不是炫耀，借此机会感谢帮助过自己的亲朋好友，这才应该是庆功宴的真正目的所在。

庆功宴祝酒辞的结构

庆功宴上的祝酒辞，开头一般都要简要说明所获得的成绩并予以适当评价，继而对取得优异成绩的人员表示感谢。如："金菊绽放，丹桂飘香，在这充满喜庆的日子里，我们××学院参加第十二届省运会的体育代表团，在刚刚结束的省运会上，发扬积极拼搏、勇于进取的体育精神，夺得了19枚金牌，8枚银牌，9枚铜牌，并打破了青年男子800米纪录，获得省运会组委会颁发的体育道德风尚奖和优秀组织奖。我校自建校以来首次参加省运会就获得了如此骄人的成绩，可喜可贺！在这里请允许我代表厅党组向取得优秀成绩的运动员表示热烈的祝贺，向辛勤工作的教练员和工作人员表示诚挚的问候，向学院表示祝贺。"

祝酒辞主体部分的内容没有统一的形式。可视具体情况而定，比如在公司庆功宴上，可回首奋斗阶段全体员工付出的心血和努力；在学校高考庆功宴上，可以回顾总结老师们敬业的事迹。如："天道酬勤。我们今天庆功会的主角，应该是我们呕心沥血、刻苦拼搏、无私奉献的高三全体老师，是你们的执著追求，是你们的全意奉献，是你们的无私情怀，是你们日日夜夜的不眠不休，才铸就了我乡教育的辉煌。'有志者，事竟成，百二秦关终属楚；苦心人，天不负，三千越甲可吞吴。'你们的汗水，你们的辛苦，你们的付出，终于赢得了苍天的眷顾，为我乡孩子的未来，开辟了又一条坦途，我代表全乡人民感谢你们。"

祝酒辞最后以希望、号召的形式收尾，以起到激励、教育的作用。一般可以针对两方面的人员和部门提出要求：一是希望先进人物或集体再接再厉，发扬成绩，不断进取，以取得更大的成绩；二是号召大家向先进人物和部门学习，以他们为榜样，把工作做好。最后对来宾致以美好的祝愿。如："我们的前途美如画，我们的未来不是梦。让我们更加紧密地团结在一起，专注执著、顽强拼搏、勇于开拓、不断超越，继续保持艰苦奋斗的优良作风，再创佳绩、再铸辉煌。今日畅饮庆功酒，漫漫征程第一步，英雄团队写新篇，一腔热血万里图。各位英雄，本人向大家敬酒，干杯！"

庆功宴的礼仪

庆功宴是一个单位为了总结前一段时间的工作经验和成绩，同时寻找不足，表彰、鼓励先进，为更好地开展下一步全面工作而进行的一项活动。庆功宴通常有三种形式：宴会、冷餐会和酒会。

宴会是公关活动中较为常见的宴请形式，有午宴和晚宴之分，以晚宴最为隆重和正式。庆功宴的规格应视宴请的人员的身份来确定，规格过低显得失礼，规格过高亦无必要。宴请的范围确定较为复杂，一般以"少""适"为原则，对庆功宴效果有直接影响的方方面面自然不可缺少。但没有原则地泛泛而请，只会失去宴请的意义。特别是不考虑涉及公关活动多边关系而盲目邀集宾客于同一次宴请的做法，很可能会使宴请本身成为公关活动最终失败的导火线。若有必要，还可邀请宾客的配偶出席宴请，不过应该首先明确配偶的出席是仅仅出于礼仪的需要还是对这次活动可能发生影响，弄清这一点至关重要。

在宴请的各项准备工作中，发邀请也是一项重要的任务。请柬便是一种既礼貌，又普及，还可提醒备忘的邀请方式。庆功宴正式宴请的请柬通常需在一周至两周前发出，以便被邀请者及早安排。

学校庆功宴祝酒辞

范文在线赏析一

【致辞人】校长

【致辞背景】在高考庆功宴上致祝酒辞

老师们、同志们：

今天，我们隆重举行我校高考庆功宴。在此，我代表学校党、政、工以及高三毕业班领导小组向我校的全体同仁在今年的高考中所创造的佳绩表示热烈的祝贺和诚挚的感谢！

虽然高考已落下了帷幕，高考的硝烟渐渐散去，但我校师生三年的奋斗历程却在我的脑海里打下了深深的烙印。挥之难去。新生人校第一天，我们就有了清晰的目标，大家围绕目标，夯实双基，拓展视野。进入高三，面对××级划时代的跨越，自加压力，高位起步，抛弃小我，挑战自我，一路前行。一诊、二诊、三诊，伴随高亢的《毕业歌》杀进高考的战场……苍天不负苦心人，我们的师生不愧是敢打硬仗能打胜仗的团队。你们践行了当初的诺言，未留乌江之憾；你们把胜利的旗帜插在××全市的巅峰，再创我校高考历史的辉煌；你们向父老乡亲交上了满意的答卷，进一步展示了我们的实力与魄力：你们用集体的智慧和辛勤的汗水又一次谱写了我校毕业班高考旋律上最美的乐章！

美酒敬英雄，佳肴谢战友，我提议：让我们高举酒杯，为自己喝彩、为学生喝彩，为我们的××中学喝彩。让我们共同祝愿××中学明天更美好！干杯！

范文在线赏析二

【致辞人】校长

【致辞背景】在高考庆功宴上致祝酒辞

尊敬的教育局各位领导、全体教职员工：

大家好！

"自古逢秋悲寂寥。我言秋日胜春朝。"今天，我们在这里隆重举行××中学××××年高考庆功宴。在此。我代表学校向长期以来给予我们正确领导和大力支持的教育局领导表示最诚挚的谢意！向取得辉煌战绩的高三同仁表示祝贺并感谢！

××××年高考捷报频传，××中学学生意气风发。升重点人数首次突破两位数，升文科重点人数排名××区第一，成功实现进入××省20强的目标。辉煌战绩。可喜可贺！这其中包含着教育局及社会各界对我们的关心和支持，包含着学校领导的正确决策，更包含着全体高三老师的辛勤汗水和心血。

××××级高三，出现了一个又一个教育教学的新名词：捆绑式评价，师生同场对决，高考策略研究……出现了一个又一个教育教学的先锋模范：×××、×××……出现了一个又一个令人感动的场景：领导彻夜研究，老师倾心辅导，学子挑灯夜读……所有的点点滴滴，铸就了365个日日夜夜后的辉煌！高三年级组不愧是敢打硬仗能打胜仗的团队，你们践行了你们的诺言，向上级领导和学生家长交了一份满意的答卷，用集体的智慧和汗水谱写了××中学历史上最壮丽的篇章！

在这里，请允许我代表学校再次向特别能奉献的高三全体班主任，向特别能工作的高三全体任课教师，向特别能吃苦的高三全体功臣表示衷心的感谢和崇高的敬礼！

最后，我提议：让我们斟满酒杯，为今年高考战役的全面胜利，为明年再创佳绩，干杯！

范文在线赏析三

【致辞人】××中校长

【致辞背景】在中高考庆功宴上

高三毕业班的老师们：

大家好！

今天，我特别高兴、特别激动，因为这是一个喜庆的日子，这是一个值得我们中全体师生员工欢庆的日子。高考成绩统计结果已经揭晓，我校××××年高考再创辉煌。

高三毕业班的老师们，我代表学校领导感谢你们，我代表××中感谢你们！感谢你们创造了×××中新的辉煌，××中因为有你们而骄傲，××中因你们而自豪。

承德××中在××××年、××××年高考取得优异成绩的基础上，××××年高考再创造佳绩。××××年高考应届二本以上分段上线率综合排名市区第一；应届二本以上一次上线率位居全市八县三区第二；有三名同学进入全市八县三区文理科前10名；有多名同学进入600分以上高考考生行列。

本届高三毕业班全体教师，脚踏实地，勤恳敬业，奋力拼搏，做了大量卓有成效的工作。用智慧和汗水书写了××××年高考的辉煌。高考成绩得到了教育行政部门的认可和主管市长的表扬。

值得一提的是，在高考备考的冲刺阶段，年级主任、级部主任、班主任每天坚持早7点到校督促学生学习，解答学生疑难问题。直到最后高考自由复习阶段，学生按时到校，老师解答问题，教学秩序井然。

作为校长，让我向你们道一声：高三毕业班的全体老师们，你们辛苦了！三年来，你们放弃了节假日的休息时间，放弃了与家人的团聚，甚至放弃了作为一个父亲或者母亲的职责，与你们的学生一起摸爬滚打，拼搏三年，硕果累累。

把××中办成最受人尊敬的学校，让我们××中走出更多的像×××、×××这样的优秀学生，让××中成为优秀学生快速成才的摇篮是我们个人的期望，展望新学年，机遇与挑战同在，信心和困难同在！现在××中正处在一个新的发展机遇期。我坚信，××中这艘富有生机的航船，一定能承载我们二中人的梦想，在教育的碧海中乘风破浪、扬帆远航！

借此机会，祝大家身体健康，家庭幸福，工作顺利，万事如意！祝愿××中事业兴旺，前程似锦！

现在，让我们共同举杯，为××××年高考取得今天的丰硕成果，为××中的美好未来，开怀畅饮，一醉方休！干杯！

企业上市庆功宴祝酒辞

范文在线赏析

【主题】庆功祝酒

【场合】庆功宴会

【人物】领导、嘉宾、新闻媒体

【致辞人】上市企业领导

尊敬的各位来宾、新闻界的朋友们、女士们、先生们：

晚上好！

首先，非常感谢各位朋友光临“××公司上市庆功晚宴”，与我们共同见证××公司的成长。

××成功发展到今天，与各位长期的支持和帮助分不开的，我谨代表××公司向到场的各位领导、嘉宾、媒体朋友们表示热烈的欢迎和衷心的感谢！

历经十几年的不断发展壮大，今天的××已经成为中国××行业的中坚力量、领导力量之一，我为此感到自豪：这是不断创新、敢于超越的××人共同努力奋斗的结果。今天，××的上市，将是公司的又一次飞跃！

展望未来，任重道远，××公司将忠实实践“以人为本，情系客户”的经营理念，努力成为全国××行业的龙头企业，以持续发展的优良业绩来回报广大的投资者。

再次感谢今天参加酒会的各位领导和各位朋友。现在。请允许我以这杯薄酒，向关心、支持、帮助××成长的领导和朋友们表示最真挚的谢意！

竣工庆典祝酒辞

范文在线赏析一：公司竣工庆典仪式祝酒辞

【场合】庆典宴会

【人物】镇领导、公司领导、来宾

【致辞人】镇长

尊敬的各位领导、各位嘉宾，女士们、先生们：

大家好！

金秋时节，天高云淡，清风送爽，在这美丽迷人的十月，我们相聚在风景秀丽的××，隆重举行××药业有限公司竣工庆典仪式。

首先，我代表××镇党委、镇政府向今天竣工投产的××药业表示热烈的祝贺，向为项目建设辛勤付出的同志们表示亲切的慰问，向参加今天庆典活动的各位领导、各位嘉宾、各位新闻界的朋友表示诚挚的欢迎。向大家一直以来对我镇的关心、支持、帮助表示衷心的感谢！

俗话说："一根篱笆三个桩，一个好汉三个帮。"在××发展的历史长河里，流淌着无数建设者辛勤的汗水，同样也凝聚着在座各位朋友和社会各界朋友的心血和智慧。在此，我代表中共××镇党委、镇政府和全镇3万人民再次深表谢意。我们竭诚欢迎海内外客商和有识之士来××镇旅游，洽谈贸易，投资置业，在互利互惠的基础上，与我们携手共建美好的未来！

××镇人民永远欢迎您！谢谢大家！

范文在线赏析二：竣工通车庆典祝酒辞

【场合】庆典酒宴

【人物】县市领导、嘉宾

【致辞人】县长

尊敬的各位领导、各位嘉宾、各界朋友：

今天，我们满怀喜悦的心情，迎来了西南干线通车盛典。在此，我谨代表××县党委、县政府和××人民，向出席今天庆典活动的各级领导、各位嘉宾、各界朋友表示最热烈的欢迎。

西南干线是联络西南县的交通要道。

……

在××市委、市政府的高度重视下，由市委办公室牵头，市纪委、市交通局、市公安局等单位通力协助，我县党委、政府精心组织，沿线村民积极参与，由××建筑公司负责施工。建设者们冒高温，战酷暑，克服了资金短缺、材料紧张等困难，历时7个多月，共投入资金800余万元，高质量、商标准地完成了建设任务。

西南干线建成通车后，改善了我县乃至全市的交通状况，极大地方便了人民群众的生产生活，是一条致富的康庄大道。希望广大干部职工以此为新的起点，继续发扬“敢打硬仗、勇于攻坚、特别能吃苦、特别能战斗”的拼搏精神，开拓进取，扎实苦干，争创新功。

下面，我提议，让我们共同端起酒杯：为了××的顺利通车，为了××县更加美好的明天，为了各位来宾的工作顺利、身体健康、家庭幸福，干杯！

谢谢大家。

范文在线赏析三：新校落成祝酒辞

【场合】庆祝宴

【人物】市领导、校领导、来宾

【致辞人】市委书记

各位领导、各位来宾、老师们、同学们：

大家好！

在××市教育事业蒸蒸日上的今天，在这金秋时节，我们迎来了盼望已久的日子——××小学新校落成庆典暨学校更名揭牌仪式。从今天起，××小学将正式更名为××小学。新校的落成，凝聚了全体建设者的汗水，凝聚了关心、支持××小学建设的社会各界有识之士的爱心。借此机会。我代表市委、市政府向××小学的顺利建成表示热烈的祝贺。向关心支持××小学建设的各界人士表示衷心的感谢！

百年大计，教育为本。投资建设××小学，是我市教育系统××年的重要工程之一。

……

全体学生要珍惜大好时光和来之不易的学习环境，要好好学习，天天向上，攀文化高峰。我相信，通过学校老师和同学们的共同努力，以及社会各界的大力支持，××小学一定能够成为一所名副其实的一流学校。

××小学已经成为历史，但它的优良传统将代代相传。

最后，让我们共同举杯，衷心祝愿××小学的明天更美好！祝在场的全体人员身体健康、事事顺心！为了小学教育的发展，为了××小学的美好明天，干杯！

业绩突出庆功祝酒辞

范文在线赏析

【场合】消防支队迎接××××新年宴会

【人物】支队党委、消防官兵、家属

【致辞人】某领导

敬爱的同志们、战友们：

大家好！

“风雨送春归，飞雪迎春到。”值此辞旧迎新的喜庆之际，我代表支队党委向为部队建设和发展作出贡献的全体官兵以及你们的家属表示亲切的问候和衷心的感谢！

回顾过去，我们感慨万千，豪情满怀。展望未来，我们心潮澎湃，充满希望。在过去的一年中，我们全体消防官兵在满负荷工作的高速运转中、在洒满汗水血水的前进道路上默默付出，无怨无悔……

天时人事日相催，冬至阳生春又来。过去的成绩成为凝固的历史，未来的辉煌还要靠我们用双手去创造。在品尝美酒、分享胜利喜悦的同时，还要清醒地认识到，××××年我们面临的工作更加繁重，面临的任务更加艰巨。我们必须抓住新机遇，迎接新挑战，以高度的使命感和责任感来推进部队建设和消防工作的改革和发展，承担起历史赋予我们的神圣使命。

再过几个小时，我们就将携手跨人崭新的一年。新年新气象，在支部党委的正确领导下，广大消防官兵众志成城，我坚信，新的一年，将又是一个希望之年、奋斗之年、胜利之年。

最后，让我们共饮庆功美酒，祝愿消防工作更加辉煌，祝愿大家身体健康、家庭幸福。干杯！

杰出人物颁奖祝酒辞

范文在线赏析一：市十大杰出女性颁奖宴会祝酒辞

【场合】庆功宴

【人物】市领导、妇女代表、嘉宾

【致辞人】市委书记

同志们：

在“三八”国际妇女节即将到来之际，今天，市文明办、市妇联、市广播电视局等单位在这里举行“××××年度市十大杰出女性”颁奖宴会，目的是为了表彰先进女性，崇尚文明进步，倡导和谐平等。刚才，评选揭晓了10位在××××年作出杰出贡献的女性代表，在此，我代表市委、市人大、市政府、市政协，对获奖者表示热烈的祝贺。向在座的妇女同志们并通过你们向全市广大妇女致以节日的问候！

近年来，全市各级妇联组织紧紧围绕市委、市政府工作中心，坚持服务大局、服务基层、服务妇女的原则，不断创新工作思路，创新活动载体，创造性地开展各项妇联工作，取得了明显成效，特别是在扶助弱势群体、服务城乡妇女发展方面作出了突出贡献，对此，市委、市政府是满意的。

在各级妇联组织的带动和引导下，在我市各项事业建设进程中，涌现出了一大批优秀女性，这次被评选出的10位女性是她们中的杰出代表，有科教、卫生、旅游、司法战线上的业务精英，有身残志坚、热爱生活的残疾女陛，有尊老敬老、朴实勤劳的农村妇女，有谋略超群、热心公益的女企业家，有不图名利、默默奉献的一线女工，她们是时代的骄傲，女性的楷模，人民的光荣。

可以说，我们目前既面对着千载难逢的重大机遇，也面临着各种严峻的挑战，希望全市广大妇女同志们以十大杰出女性为榜样，按照省市提出的新要求，立足自身工作岗位，抢抓机遇、积极进取、开拓创新、建功立业，为我市早日建成“中等城市、和谐××”作出新的贡献！

最后，再次对今天获奖的十大杰出女性表示祝贺，祝全市广大妇女节日愉快！干杯！

谢谢大家！

范文在线赏析二："双十杰"青年颁奖晚会祝酒辞

【场合】颁奖晚会

【人物】团县委领导、优秀青年代表、来宾

【致辞人】团县委书记

各位领导、各位来宾、青年朋友们：

晚上好！

在纪念伟大的五四运动××周年之际，我们聚集一堂，举行庆五四"××杯双十杰"青年颁奖晚会，我谨代表团县委向全县广大团员青年致以节日的问候，向一贯重视、关心和支持共青团工作的各级领导和社会各界人士表示衷心的感谢！

当代的××青年，是跨世纪的一代青年，我们幸运地站在新世纪的舞台上，时代为我们提供了建功立业、展示风采的大好时机，我们应该携起手，共同肩负起新世纪的历史重任，充分发挥自己的聪明才智，努力拼搏，为××经济的发展贡献青春和力量。

青年朋友们，"志若不改山可移，何愁青史不书功"。时代赋予了我们光荣的使命，让我们积极响应县委、县政府的号召，以"双十杰"青年为楷模，求真务实，开拓进取，在XX建设的伟大征程中建功立业，大显身手。

最后，让我们高举酒杯，预祝各位青年朋友节日愉快，事业有成。

谢谢大家！

范文在线赏析三：优秀员工颁奖祝酒辞

【场合】颁奖宴会

【人物】企业领导、优秀员工

【致辞人】优秀员工代表

尊敬的各位领导：

非常感谢在座的各位领导能够给予我这份殊荣，我感到很荣幸。我心里无比的喜悦，但更多的是感动。真的，这种认可与接纳，让我很感动，我觉得自己融入这个大家庭里来了。自己的付出与表现已经被回报了最大的认可。我会更加努力！

在此，感谢领导指引我正确的方向，感谢同事耐心的教授与指点。

……

虽然被评为优秀员工，我深知，我做得不够的地方太多太多，尤其是刚刚接触××这个行业，有很多的东西，还需要我去学习。我会在延续自己踏实肯干的优点的同时，加快脚步，虚心向老员工们学习各种工作技巧，做好每一项工作。这个荣誉会鞭策我不断进步，使我做得更好。

事业成败关键在人。在这个竞争激烈的时代，你不奋斗、拼搏，就会被大浪冲倒，我深信：一分耕耘，一分收获。只要你付出了，必定会有回报。从点点滴滴的工作中，我会细心积累经验，使工作技能不断地提高，为以后的工作奠定坚实的基础。

让我们携手来为××的未来共同努力，使之成为最大、最强的××。我们一起努力奋斗！

最后，祝大家工作顺心如意，步步高升！我敬大家！

杰出企业颁奖祝酒辞

范文在线赏析

【场合】经济人物暨最具活力企业颁奖典礼

【人物】市领导、经济人物、企业代表

【致辞人】市长

同志们、朋友们、女士们、先生们：

大家晚上好！

今天，是个大喜的日子。我市首届经济人物暨最具活力企业评选圆满结束。有20位同志和30家企业获得“××××年度××市经济人物”和“××市最具活力企业”光荣称号，这是我市政治经济生活中的一件大喜事。

由于主办单位的积极努力，这次评选活动自始至终遵循“公开、公正、公平”的原则，各行各业积极参与，主管部门严格把关，广大群众热情投票，评出的先进企业和个人令人信服。我相信，由我们自己评出的先进人物一定会在今后的工作中取得更加辉煌的成绩。为我们的共同事业作出更大的贡献。

同志们，荣誉只能说明过去，我们要贯彻落实省委、省政府，市委、市政府的战略部署，确立××全省副中心城市的地位，再造一个新××。摆在我们面前的任务还十分艰巨，希望这次取得荣誉的同志戒骄戒躁，勇往直前，让你们的事业更加辉煌，同时希望你们充分发挥模范带头作用，为我市带出一批充满活力的骨干企业，为我市发展奠定坚实的基础。

同志们，鲜花献模范，美酒敬英雄。让我们共同举杯，为我们自己的经济人物和最具活力企业，为我们自己评出来的英雄，干杯！

公司庆功宴祝酒辞一

范文在线赏析

【致辞人】××有限公司总裁

【致辞背景】在国庆夜××公司庆功冷餐晚会上

亲爱的各位××家人：

大家晚上好！

值此中华人民共和国成立××周年和中秋佳节来临之际，我们××有限公司的全体家人，从天南海北齐聚总部济南，欢聚一堂，共庆祖国华诞，喜迎中秋佳节。此时此刻，我和大家一样，都是怀着激动的心情，共同祝愿祖国繁荣昌盛，祝愿我们每一个家庭欢乐和谐，祝愿每一位老人安详幸福，祝愿我们每一位家人成长进步。

前两天，我们大家一起经历了一次难忘的“企业精英体验式研讨培训”，目的是想让在座的各位都能成长，成为精英和领袖。今晚，我们召开月启动会议和庆功冷餐晚会，庆祝 9 月份取得的好业绩，启动 10 月份工作。作为公司的负责人，我要感谢大家长期以来的辛勤付出，感谢我们的家人给予的大力支持。

我们××公司目前正处于上升和发展时期，她和大家一样，充满活力，年轻而富有朝气。我们努力让××成为一个和谐的大家庭，成为一所学校，成为大家成长进步的加油站，成为大家共同的心灵家园。

今天上午我们集体观看了首都国庆大阅兵。大家用热烈的掌声为祖国的繁荣富强而骄傲、自豪。作为曾经的一名老兵，我也有很多感慨，我想，只有祖国强盛，军队强大，才会有国家和社会的安定，才会有我们每个家庭的幸福，才会有每一个企业的兴旺发达。

社会上每一个家庭，每一个企业，都离不开祖国的繁荣富强。具体到一个公司的发展，同样要与祖国同呼吸、共命运，比如选择的项目要符合国家产业政策，要以报效国家和社会为企业的责任，同样还要有一批具有报效祖国崇高理想和远大胸怀的员工。一个人的理想和追求，只有融入到公司的理想和事业当中，才能和公司共同成长，才会创造个人和公司的辉煌。公司的发展需要全体同仁共同的理想追求和付出。让我们携起手来，为了××的明天，为了我们每一个××家人心中的理想而努力。让我们感谢、感恩于这个伟大的时代，让我们无愧于青春，无愧于这个时代。

此时此刻，我们还有一些员工，因为工作原因不能到现场和我们共同度过这美好幸福的时刻，在此，公司向他们表示衷心的感谢和节日的问候。同时也向在座的各位表示节日的问候，祝愿大家合家欢乐，万事如意。

让我们举起杯来，共同祝愿我们强大的祖国繁荣昌盛，共同祝愿我们的××明天更美好，共同祝愿我们的人生更精彩，我们的家庭更幸福。干杯！

范文在线赏析二

【致辞人】公司高级经理

【致辞背景】在三生公司年终庆功宴上致祝酒辞

朋友们、兄弟姐妹们：

我踏上这方绚丽的舞台，我想对你们说：我“三生”有幸！也许我们从未谋面，也许我们并不知道彼此姓甚名谁，是“三生”将你、将他、将我邀约在这里，从此我们同在一个屋檐下，不说两家话。我们用爱心共同构建了这个以“三生”为大本营的家，它是一个崭新的家族和部落，一个全新的集体和团队。它让我们拥有个共同的名字，那就是——姓三，叫生。指不定下次见面我们就会这样招呼：Hello！San sheng good morning！

时尚、浪漫、亲切、引领潮流、追赶潮头，这就是怀揣梦想的三生人，他们将从这里起航扬帆远行！是啊！甜蜜的梦啊！谁都不会错过。我们手拉手啊想说的太多！

过去的××××年是一段大喜大悲、风雨兼程的日子，由金融危机衍生的经济危机，股市崩盘、楼市缩水，国际国内经济每况愈下。

然而，我们“三生”人迎来的是一个风和日丽的暖春，一个接一个的高级经理应运而生，从一星到三星，如日中天，所向披靡！

在过去的日子里，成的成，败的败，无论成还是败，“三生”人都会海纳百川，最大限度地宽容和包容。欢迎你，接纳你，只要你勇敢地迈出这艰难的第一步，路就在脚下，好戏就在明天！

论成败，人生豪迈，大不了从头再来！

与“三生”携手，我们痴情不改！与“三生”结伴，我们义无反顾！与“三生”同行，我们无怨无悔！

来吧！父老乡亲们！让我们在这里举杯祝福，唱出心中的赞歌，舞动酒醉的探戈。心相连，风雨并肩，未来不再遥远！干杯！

范文在线赏析三

【致辞人】公司经理

【致辞背景】在阶段性庆功酒会上致祝酒辞

首先，我要说今天的成功来源于我们大家的团队协作，我们为了同一个目标，互相包容，各自发挥所长。你们知道我什么也不懂，所以让我做这种发号施令的角色，谢谢！

从下周开始，我们的主要任务是“深化应用”，争取早日通过SG186验收。同时，我们要做的另一件事是深化、升华我们的感情。过去的14个月太忙了，任务一个接着一个，很多事情我们没有来得及做。张总是个预言家，他说我们的工作要“五加二、白加黑”，我开始还有点不相信。现在我彻底明白了什么叫缺氧不缺精神。阶段性的成功已经取得，从下周开始，我们要多关心家人、朋友、同事，还有我们的关键用户，分享关爱、知识，还有红苹果。

让我们举杯，为公司和感情的升华而干杯！

范文在线赏析四

【致辞人】公司董事长

【致辞背景】在山西×××化工有限公司糠醛分厂

各位同事，不！各位英雄，各位创造奇迹的人们：

今日设宴为各位庆功！首先。我向糠醛分厂取得了四、五、六三个月，月月高产。三破记录。并首次突破190吨大关的伟大胜利表示衷心的祝贺。我为你们的辉煌业绩感到自豪。我为糖醛分厂这样的英雄团队和糠醛员工这样的英雄而骄傲。

同样的天、同样的地、同样的设备、同样的工艺，为什么有不一样的业绩？因为有不一样的体制、不一样的企业文化和不一样的思想行为。

我们糠醛分厂有一个团结奋斗、专注执著、不断超越、敢拼能胜的优秀领导班子：上有×××、×××两位厂长，一文一武、一张一弛、密切配合、通力协作、乐于奋斗；中有生产部×××、×××主任，埋头苦干、勤恳如牛、紧跟时代、奋斗不已；下有兵头将末的各位班组长们以及其他职能部门的负责人，你们是糠醛分厂这个英雄团队的精英，你们是企业的台柱子！我因你们而自豪，你们因企业而荣光。我对未来更加充满信心，对事业更加豪情万丈。我对糠醛事业更加热爱，即使买不成化工厂，我们也要新建糠醛厂。我们不仅仅在忻州搞，我们还要到外地建厂创业，要把糠醛事业进行到底。

各位同事，本人爱憎分明、赏罚严明，该表彰定表彰，该处罚定处罚，该提拔定提拔！只要你为企业尽心尽力，企业决不亏待你。在我们的事业大发展的时候，你们将被量才重用、量绩提拔。我们的前途美如画，我们的未来不是梦。让我们更加紧密地团结在一起，专注执著、顽强拼搏、勇于开拓、不断超越，继续保持艰苦奋斗的优良作风，再创佳绩、再铸辉煌。今日畅饮庆功酒，漫漫征程第一步，英雄团队写新篇，一腔热血万里图。

各位英雄，本人向大家祝酒，干杯！

范文在线赏析五

【致辞人】公司领导

【致辞背景】在化工企业辞旧迎新庆功酒会上

同事们：

大家好：

今晚，我们欢聚在风景秀丽、幽静怡人的东方花园，共度迎接××××年新年的美好时刻。此时，抚今追昔，我们感慨万千；展望前程，我们心潮澎湃。

即将过去的××××年，是化工行业实施改革与发展战略承上启下的一年；是全公司职工迎接挑战、经受考验、努力克服困难、出色完成全年任务的一年。回顾过去的一年，我们在争创一流、企业改革中取得了突破性进展，呈现出近年最好势头（成绩略）。以上这些累累硕果，都与全体干部职工所付出的艰辛和努力密不可分，与我们顽强拼搏、开拓创新、无私奉献的敬业精神密切相关。这种艰辛和努力将功垂青史，这种敬业精神令人敬佩。在此，我代表公司党政班子全体成员向为我厂建设和发展作出贡献的全体干部、职工以及你们的家属表示亲切的问候和衷心的感谢！

同志们，新的一年即将来临，我们在品尝美酒、分享胜利喜悦的同时，还要清醒地认识到：化工企业将面对广泛的机遇和严峻的挑战。我们必须抓住新机遇，迎接新挑战，以高度的使命感和责任感来推进我司的改革和发展，承担起历史赋予我们的神圣使命。

朋友们，再过几个小时，伴随着新年的钟声，我们将携手跨入崭新的一年。我坚信，有省公司党组的正确领导，有全公司广大干部职工的众志成城，我们的目标一定会实现，我们的企业一定会不断发展壮大，××公司一定能铸就新的、更加壮美的辉煌。

最后，让我们共饮庆功美酒，祝愿各位新年快乐，身体健康，家庭幸福，事业成功！

庆功祝酒辞盘点

人物祝福语

祝你圆满完成学业，掌声和鲜花永远属于你！水滴石穿业精不舍，海阔天高学贵有恒。

“先天下之忧而忧，后天下之乐而乐”，做个有志、有识之士。

一片绿叶，饱含着它对根的情谊；一句贺词，浓缩了我对你的祝福。祝愿你在以后的日子中，创造更多的辉煌。

成功的花，人们只惊羡她现时的鲜艳，往往忽略了当初她的芽儿曾浸透了奋斗的泪泉。我赞赏您的成功，更钦佩您在艰难的小道上曲折前行的精神。

一些貌似偶然的机缘，往往能使一个人生命色彩发生变化。您的成功，似偶然，实不偶然，它闪耀着您的生命焕发出来的绚丽光彩。

自爱，使你端庄；自尊，使你高雅；自立，使你自由；自强，使你奋发；自信，使你坚定……这一切将使你在成功的道路上遥遥领先。

成功不是将来才有的，而是从决定去做的那一刻起，持续累积而成。您以实际的行动向我们证明了成功需要积累。

成功的秘诀，在于对目标坚忍不拔。恭喜您凭着坚强的意志终于迎来了成功。

把黄昏当成黎明，时间会源源而来；把成功当做起步，成绩就会不断涌现。祝你在以后的学习中奋勇直前、秀中夺魁。

观念决定方向，思路决定出路，胸怀决定规模。您具备了这些条件，所以成功属于您！祝福您，我的朋友。

事业祝福语

祝贺会议顺利召开！

恭贺项目顺利竣工！

恭喜贵公司顺利通过质量认证！

惨淡经营历千辛，一举成名天下闻，虎啸龙吟展宏图，盘马弯弓创新功！——热烈祝贺贵公司产品荣获国家级优质奖！

每一个成功企业都有一个开始。勇于开始，才能找到成功的路。祝愿贵公司“从头再来”、再创佳绩。

第十二章

恭贺迁居之喜的乔迁酒

“乔迁”二字出自于《诗经·小雅·伐木》：“伐木丁丁，鸟鸣嘤嘤，出自幽谷，迁于乔木。”这是用于小鸟飞出深谷登上高大的乔木，用来比喻人的居所改变，步步高升。不论是在古代还是现在，每逢乔迁之喜，主人都会选上一桌上等的好筵席，邀请亲朋好友共同庆祝这美好的日子。

乔迁酒，酒不醉人人自醉

不论是在古代还是现在，每逢乔迁之喜，主人都会选上一桌上等的好筵席，邀请亲朋好友共同庆祝这美好的日子。“乔迁”二字出自于《诗经·小雅·伐木》：“伐木丁丁，鸟鸣嘤嘤，出自幽谷，迁于乔木。”这是用小鸟飞出深谷登上高大的乔木，用来比喻人的居所改变，步步高升。乔迁之礼多在亲朋好友之间举行，届时亲朋好友携带礼物登门祝贺，主人摆酒款待，表示感谢。此礼传播甚远，至今犹存。此外，乔迁食礼在少数民族地区还有“拥担达”（哈尼族）、“竹楼酒”（傣族）等称谓，大多与崇拜火神、神灵有关，带有原始宗教礼俗的遗风。

在乔迁宴会上，主人通常会邀请亲戚、朋友、同事、新邻居、装修团队等前来参加。在酒宴上，主人致祝酒辞是必不可少的，来宾为了表示祝贺，也会选择代表向主人致祝酒辞。

主人祝酒的主旨是感谢，感谢亲朋好友多年以来的帮助和支持，感谢装修团队为新房辛苦工作，感谢来宾出席当天的酒宴，感谢大家美好的祝愿，并希望大家能与自己一起分享此刻的喜悦。

来宾祝酒一要表达对主人盛情款待的谢意，二要表达对主人乔迁之喜的祝贺。祝贺时要颂扬新房的种种优点，比如房屋地势之佳、装饰优雅、房间宽敞明亮等等。

此类私人酒宴的祝酒辞。从内容到表达方式，都要表现出诚恳真挚的情感。诚则真，挚则切，情真意切是礼的灵魂，真诚才能使对方感受到以礼相待的情谊。诚挚性并不表现为浮词虚语，无原则的随意夸饰，相反，它应用质朴的语言叙事言情，达到双方情感上的交流和共鸣，从而使人们相互间的关系亲密起来。

那么，在乔迁宴会上，主人应该注意哪些待客礼仪呢？

首先，入席前，烟、茶不应该全部假手于餐馆的服务员，主人或招待人员应礼貌性地亲自递烟倒茶。

其次，主人事先就要有计划地分配坐席，在入席时分别招呼客人入席，以免临时紧张，乱作一团。

再次，上菜之前，做主人的先要向同桌的客人敬酒，照例说一句感谢光临的话，以后每道菜来时，也要举杯邀饮，然后请客人“起筷”。在大规模的中式宴会上，主人要偕同主要亲人到每桌去敬酒。这时候就要估计大约需要的时间。在适当的时候，到每桌去敬酒。这一方式可以使主人看见每一位客人，并且一一致以谢意。

最后，散席时，主人要到门口送客人离去。道别的形式，可以分别一一握手送行。在规模较大的宴会中，送客是到此为止。但是，若是两三桌的小型宴会，主人对某些来宾，如长辈、路远的稀客，可差遣小辈送上一程，或者给他们雇车送行，以表示自己对他们的重视。

此外，在跟客人辞别时，如果客人较少，还可以说句客套话，如“谢谢光临”等。

乔迁祝酒辞结构

“水往低处流，人往高处走”，乔迁是生活富裕的象征和标志，意味着美好愿望的实现。为庆祝愿望的实现，为庆祝乔迁之喜，主人总会在新居落成入住之时宴请亲朋好友，此时所饮的就是所谓的乔迁酒。

乔迁之喜，主人大多邀请单位领导、亲朋好友等前来参加，以共同庆祝。通常来说，酒宴主要包含两方面内容：

第一是主人祝酒

千言万语尽在酒中，主人可以借此次祝酒机会向各位宾朋表达自己的谢意，感谢大家一直以来对自己的关心与帮助，并希望众人能同自己一起分享此时此刻的幸福与快乐。

第二是宾客敬酒

宾客首先对主人的盛情款待表示感谢：其次是对主人的乔迁之喜表示祝贺。祝贺时要多用称赞的语言，比如颂扬乔迁之家地势佳妙、房屋宽敞、装饰有品位、家人和睦，以及生活美满等。需要注意的是，在说祝福语时一定要结合人物、季节、职业等特点加以描述，丰富祝语内容，但要牢记的是不能说大话、空话和套话，更不能生搬硬套，照书抄袭，不符合场合，那样非但不能表示你的祝福之意，还可能离间你们之间的关系，得不偿失。所以一定要用心思考，合理用词。

家庭乔迁祝酒辞

范文在线赏析

【主题】乔迁祝酒

【场合】乔迁宴会

【人物】主人、亲友、同事

【致辞人】主人

女士们、先生们：

大家晚上好！

首先，我谨代表我的家人，对各位的光临表示由衷的谢意！俗话说，“人逢喜事精神爽”，本人目前就沉浸在这乔迁之喜中。

以前，由于身处陋室，实在是不敢言酒，更不敢邀朋友们相聚一起畅饮。因那寒舍太寒酸了，既怕朋友们误解主人待客不诚，又怕委屈了嘉宾。

今天我终于旧屋换新房了，我已经有了一个能真正称得上是“家”的家了。这个家虽然谈不上富丽堂皇，但它不失恬静、明亮，且不失舒适与温馨。更重要的是，这个家洋溢着爱！有了这样一个恬静、明亮、舒适、温馨的家，能不高兴吗？心情能不舒畅吗？

所以，特意备下这席薄酒，就是要把我乔迁的喜气同大家分享，更要借这席薄酒为同事、朋友对我乔迁的祝贺表示最真诚的谢意。还要借这席薄酒，祝在座的各位生活美满、工作顺利、前程似锦！

大家请举杯，来，我们一起干杯！

企业乔迁祝酒辞

范文在线赏析

【致辞人】律师事务所领导

【致辞背景】在律师事务所十周年庆典及乔迁宴会上致祝酒辞

各位领导、各位朋友，女士们、先生们：

大家晚上好！很高兴在美丽的×××与大家团聚，共度今夜好时光，我代表××律师事务所党支部欢迎各位嘉宾的到来。

××律师事务所走过了十年的旅程，××人不虚度光阴，做有意义的事，做有用的人，一步一个脚印，虽然步履艰辛，但我们自强不息地挺过来了。

阳光让万物生长，雨露滋润禾苗壮，阳光雨露是我们一直所需求的。我们在这里举办本所十周年及乔迁庆典，目的就是为了感恩，感谢社会。没有朋友和领导们的大力帮助支持，我们就不可能发展壮大，也就没有今天。

我们是律师，律师是维护权利的职业。做平民律师、务实律师、有为律师一直是我们××人的追求。业务是根本，朋友是关键。朋友们的到来，让××律师事务所蓬荜生辉，让人喜上眉梢。让我们共同祈祷世界和平、同泰民安！让我们举起手中的美酒，为在场诸君生活惬意、身体健康，干杯！

公园乔迁祝酒辞

范文在线赏析

【主题】乔迁祝酒

【场合】乔迁宴会

【人物】公司领导、员工

【致辞人】总经理

尊敬的各位领导、各住来宾，广大新老客户：

大家中午好！

“但愿人长久，千里共婵娟”。又到了中国人一年一度的中秋佳节，这也是一个团圆和庆祝丰收的日子。感谢大家多年来对××酒业的支持，在此，××酒业公司全体同仁向您致以最真挚的问候和祝福！

这些年来，××公司依靠各级领导和广大客户的支持与自身的努力，取得了令人瞩目的成绩。公司成长的经验告诉我们，客户的成功才是我们的成功。我们将以专业化的队伍、整体信息化的管理系统及优质的服务来服务大家，并赢得社会效益和经济效益。

××公司本着以人才为根本、以行业需求为中心、以服务为保障、以优质产品为支撑的宗旨，不断提高企业的核心竞争能力。我们的目标是成为一个诚信一流、服务一流、品牌一流的酒业公司，成为您身边的美酒专家、服务专家，对此我们会不断努力！

在这秋风送爽，桂花飘香的日子，又逢我公司乔迁，这是我公司一件可喜可贺的大事，它体现了××人辛勤劳动、奋勇拼搏、开拓进取的精神。××公司办公楼的乔迁，是一种信念、实力的标志，它见证着××人的成长与成就，也标志着××公司企业形象的全面提升。

“海上生明月，天涯共此时。”最后祝各位领导、各位来宾、广大的新老客户及我亲爱的同事们身体健康，工作顺利，家庭美满！

最后，请大家一起举杯。

天上月圆圆，世间人圆圆，心中事圆圆！让我们大家一起圆圆圆，干杯！谢谢大家！

建筑物落成祝酒辞

范文在线赏析一

【致辞人】公司经理

【致辞背景】在公司新办公楼落成典礼暨开业庆典酒会上

尊敬的各位领导、各位来宾：

大家中午好！

今天是我们××制药公司三喜临门的大好日子。各位的莅临，使××公司蓬荜生辉、喜气洋洋。首先，请允许我代表××公司的全体员工，向你们表示最热烈的欢迎和最诚挚的谢意！此时此刻，我们有一句心里话，那就是——××公司的成长，凝聚着你们的期望、智慧和辛劳！××公司的发展，也将承载着你们的信心、光荣和骄傲！

根植××沃土，情洒辽水两岸。我们将以此为新的起点，不负各位的信任、关怀和期望，继续奉行“博采众长、开拓创新、追求卓越、服务民生”的经营理念，秉承勤勉的创业精神和严谨的企业作风，同社会各界朋友携手开创美好的未来，为促进××经济发展与社会进步贡献我们全部的智慧和力量！

现在，我提议：为××公司的发展壮大，为××地区更加美好的明天，为我们的友谊长存和各位的健康、幸福，干杯！

范文在线赏析二

【致辞人】××县公安局领导

【致辞背景】在××县公安局办公大楼落成庆典上

尊敬的王厅长、吴书记、万市长：

各位领导、各位来宾、同志们：

金秋洛城美，把酒会宾朋。在这美丽的紫荆山下、水洛河畔，我们很荣幸地迎来了省公安厅王厅长、国保总队队长、出入境管理处处长、市委吴书记、市政府万市长、各兄弟县区政法部门的有关领导、××县全体县级领导，以及各乡镇、县直及省市驻庄各单位的负责同志。在此，我谨代表中共××县公安局委员会、××县公安局及全体干警，向各位领导和嘉宾表示热烈的欢迎！对大家长期以来给予我们工作的支持帮助表示诚挚的感谢！

××县公安办公大楼从××××年开始建设，历时两年多时间，今天正式入驻使用。在工程建设过程中，我们得到了省公安厅、市公安局和县委、县政府以及县直各有关部门的大力支持，也得到了兄弟县区及社会各界的鼎力相助。办公大楼的建成，极大地改善了我县公安机关的办公条件。为我们今后更好地发展提供了载体，同时也为我们与周边县区加强合作、增进友谊提供了广阔的发展平台。

真心地希望省厅、市局和各兄弟县区能够在今后的工作中，一如既往地关心、支持、帮助××公安事业的发展，愿我们的友谊地久天长！

现在，我提议：为了我们的精诚合作，为了我们的事业发达，为了各位领导的身体健康、事业有成、家庭幸福，干杯！

范文在线赏析三

【致辞人】区领导

【致辞背景】在区综合办公大楼落成典礼上致祝酒辞

同志们、朋友们：

大家好！

今天，是我们盼望已久的综合办公大楼正式落成的大喜日子；今天，是我们现任领导班子朝思暮想、实现夙愿的成功日子；今天，是我们全体机关干部欢欣鼓舞、群情振奋的喜庆日子。

这是一个让人难忘的时刻！欣喜的时刻！铭记的时刻！

如果说，去年我们实现财政收入超过亿元，圆了多年的梦想，那么，今天综合办公大楼的正式启用再次让我们实现了多年的企盼！今天的好日子，圆梦的再实现，无不体现着市委、市政府领导对我们的无限关怀和深情厚爱；无不体现着市直相关部门对我们的鼎力支持和无私奉献；无不体现着建设者们宵衣旰食、苦战严寒的敬业姿态！

没有你们的关怀，哪有我们综合办公大楼成功选址、破土兴建！

没有你们的支持，哪有我们综合办公大楼拔地而起、屹立××区！

没有你们的建设，哪有我们综合办公大楼正式启用、备感心安！

短短九个月，从奠基到启用，展示了建设者克难制胜、加速“五跑”的勇气和斗志！

短短九个月，从家庭到工地，凝聚了建设者们不畏辛劳、持之以恒的坚定信念！

短短九个月，从打桩到落成，创造了××区建设史上的新奇迹！

新的办公大楼赋予了新的使命，新的发展目标赋予了新的内涵，肩负使命的××人正整装待发、昂首向前。“团结、务实、创新、拼争”的××人，不会辜负领导的重托，不会辜负人民的厚望，必将以跑的速度、跑的精神、跑的干劲，为构建繁荣和谐的新××再立新功！再创佳绩！再创辉煌！让我们为了这个美好的愿景，这个真诚的决心，干杯！谢谢大家！

范文在线赏析四

【致辞人】市委领导

【致辞背景】在中国住博会精品展暨市会展中心落成典礼上

尊敬的各位领导、各位来宾：

在这丹桂飘香，满载收获的时节，各位不辞辛劳来参加中国住博会精品展暨市会展中心落成典礼，这是我市经济社会发展中的一件大事。在此。我谨代表市委、市人大、市政府、市政协和全市百万人民向各位领导和各位嘉宾的到来表示热烈的欢迎和衷心的感谢！

会展中心的建设和中国住博会精品展的举办。对促进我市对外合作交流，带动相关产业发展，提升城市形象品位具有重要作用。各位领导和嘉宾此次到我市实地参加活动，是对我市的信任和支持，我们备受鼓舞。在今后的工作中，我们将尽最大努力把市会展中心运作好，经营好，发挥最大效用。同时，我们也恳请各位领导、各位嘉宾对我市的各项工作给予一如既往的关心、支持和帮助。

最后，我提议：让我们共同举杯，为中国住博会精品展的顺利开幕，为我市的经济发展与社会进步，为各位领导、各位嘉宾的身体健康、工作顺利、生活愉快、万事如意，干杯！

律师事务所乔迁庆典祝酒辞

范文在线赏析

【场合】乔迁庆典宴会

【人物】各位领导、嘉宾

【致辞人】律师事务所某领导

各位领导，各位朋友，女士们，先生们：

大家晚上好！

很高兴在中国最大的城中湖——美丽的东湖畔，与大家团聚，共度这夜晚好时光，我代表“××律师事务所”党支部欢迎各位嘉宾的到来。

“××所”走过了十年的旅程，××人不虚度光阴，做有意义的事，做有用的人，一步一个脚印，虽然步履艰辛，但我们自强不息地挺过来了。

阳光普照万物长，雨露滋润禾苗壮，阳光雨露是我们一直所需求的。我们在这里举办本所十周年及乔迁庆典，目的就是为了感恩，感恩社会，感恩大家，没有朋友和领导们的大力帮助和支持，我们就不可能发展壮大，也就没有今天。

我们是律师，律师是维护权利的职业。做平民律师、务实律师、有为律师一直是我们的追求。业务是根本，朋友是关键。朋友们的到来，让“今天所”蓬荜生辉，让××人喜上眉梢。让我们共同祈祷世界和平、国泰民安！让我们举起手中的美酒，为在场诸君生活愉快、身体健康，干杯！

乔迁祝酒辞盘点

居象乔迁用贺词

阳光明媚，东风送情，喜迁新居，德昭邻壑，才震四方！

“良辰安宅，吉日迁居”，幸福的生活靠勤劳的双手创造！莺迁仁里，燕贺德邻，恭贺迁居之喜，室染秋香之气。新居落成之际，恭贺乔迁之喜。

吉星照佳地，紫气指新梁。

平安福地，紫微指栋；吉庆人家，春风架梁。

新人新居，欢歌笑语。

三阳日照平安宅，五福星临吉庆门。

宏图大展兴隆宅。泰云长临富裕家。

华厅集瑞，旭日临门。

一门瑞气，万里和风。

乔宅喜，天地人共喜；新居荣，福禄寿全荣。

迁宅吉祥日，安居大有年。

吉日迁居，万事如意。

莺迁乔木，燕人高楼。

祥云环绕新门第，红日光临喜人家。

笑语声声，共庆乔迁喜。

喜到门前，清风明月；福临宅地，积玉堆金。

公司乔迁用贺词

鸿犹大展。

骏业肇兴。

大展经伦。

万商云集。

货财亘足。

陶朱媲美。

多财善贾。

骏业日新。

骏业崇隆。

第十三章

你来我往喜相迎的迎宾酒

有朋自远方来，不亦乐乎。为朋友的到来接风洗尘是自古有有的事，在设宴款待时，自然要发表欢迎辞。迎宾辞言辞要热情，旨在对来宾表示欢迎和尊重，表达友好交往、增强交流与合作的心愿，营造和强化友好和谐的社交气氛。

迎宾辞的结构与特点

迎宾辞是机关或企业在举行隆重庆典、大型集会、欢迎仪式或洗尘宴会上，主人对宾客的来临表示热烈欢迎而使用的讲话。迎宾辞言辞热情，旨在对来宾表示欢迎和尊重，表达友好交往、增强交流与合作的心愿，营造和强化友好和谐的社交气氛。

迎宾辞具有应对性，一般来说，主人致迎宾辞后，宾客即致答辞。具体的结构与特点如下：

迎宾辞结构

迎宾辞的结构由称呼、开头、正文、结语四部分构成。

称呼。面对宾客，宜用亲切的尊称，如“亲爱的朋友”“尊敬的领导”等。

开头。用一句话表示欢迎的意思。

正文。说明欢迎的情由，可叙述彼此的交往、情谊，说明交往的意义。对初次来访者，可多介绍本机关或企业的情况。

结语。用敬语表示祝愿。

迎宾辞特点

迎宾辞内容应根据国籍、团体、时间、地点、成员身份不同而有所区别，不可千篇一律。

迎宾辞的正文，语言要朴实、热情、简洁、平易，语气要亲切、诚恳，感情要真挚，宜多用短句，言辞应力求格调高雅。如在迎宾辞中加上一两句中国好客的谚语和格言，如“有朋自远方来，不亦乐乎”“有缘千里来相会”等，将会增色不少。回顾以往的叙述要简洁，议论不要过多，力求精当；对主宾的赞颂和评价要热情而中肯，不要过分。可以有适当的联想与发挥，整个篇幅不宜过长。

如遇来宾的意见、观点与主人不一致时，致辞人应当坚持求同存异的原则，多谈一致性，不谈或少谈分歧，可恰当采用委婉语、模糊语句，尽力营造友好和谐的气氛。

公司迎宾祝酒辞

范文在线赏析

【场合】迎宾酒宴

【人物】公司领导、嘉宾

【致辞人】总经理

尊敬的各位领导、各位来宾：

大家好，我代表××有限公司的员工，向各位领导和嘉宾的光临表示热烈的欢迎。

在这如诗如画、春光明媚的日子里，我们××有限公司迎来了十年华诞。此时此刻，我站在台上，心情非常激动。千言万语，只能用一句话来表达，这就是：感谢大家。

首先，我要感谢：

借此机会，我想向在座的各位领导和来宾提一个请求，请大家为我们颁发金、银、铜三个酒杯：

第一，我要用铜杯添满冰镇的啤酒喝下去，那种清爽的感觉会让我们时刻保持清醒、理智的头脑，正确把握企业的发展方向。

第二，我要用银杯盛满醇厚的白酒喝下去，那种浓烈的感觉会更强烈地激起我们的工作热情。

第三，我要用金杯斟满红色的葡萄酒喝下去，我们有一种期盼，××有限公司在大家的支持下一定会更加红火！

记得有一首歌叫《三杯美酒敬亲人》，我也要向领导和来宾敬上同样的三杯酒，代表我们的感激之情、期盼之意：××过去的成功，与大家的关心、支持密不可分。××今后的发展，仍然离不开各位的鼎力相助。

恳请大家把这三杯充满美意的酒干了！再次欢迎和感谢大家今天的光临！

大型商业活动祝酒辞

范文在线赏析

【场合】“品牌万里行”××站欢迎晚宴

【人物】各级领导、嘉宾

【致辞人】商务部副部长

尊敬的市长、各位来宾：

晚上好！

“东部开放品牌行”车队经过了35天的行程，途经五省一市。来到有着国际花园城市美誉的××。首先，请允许我代表商务部，××，对××市委、市政府以及参与“品牌万里行”××站活动的各界人士表示衷心的感谢！同时对“东部开放品牌行”全体成员表示亲切的慰问！

经过改革开放××年的发展，中国的经济总量已经位居世界前列。加入WTO后，中国经济已经全面融入世界经济体系。但是要看到，我国产业的国际竞争力水平还比较低，我国产业的发展仍然面临着诸多压力和挑战。要实现经济增长方式从粗放型向集约型转变，我们尚需付出艰苦的努力。为了提升产品竞争力，转变外贸增长方式和经济增长方式，必须要走品牌强国、品牌强企之路。

加强品牌建设是建设创新型国家的需要，是由贸易大国向贸易强国转变的需要，是参与国际化、全球化市场竞争的需要。品牌建设是一项长期、艰巨的工程，不能一蹴而就，需要社会各方面共同努力来缔造。商务部开展“品牌万里行”活动，就是要唤起全民的品牌意识，在全社会范围形成一个用品牌、爱品牌的良好氛围，创造有利于品牌建设的宏观环境。

我衷心希望，通过“品牌万里行”活动，××能进一步加快自主创新，把自主品牌做强做大，在对外开放的竞争中，百尺竿头，更进一步！

最后，请允许我再次对××市委、市政府以及各界朋友对“品牌万里行”活动的支持表示衷心的感谢。

谢谢大家！

地方性节日迎宾祝酒辞

范文在线赏析一

【致辞人】泉州鲤城区领导

【致辞背景】在第×届泉州旅游节招待酒会上

尊敬的各位领导、各位来宾、朋友们：

大家好！

有明自远方来，不亦乐乎。今天，我们怀着无比激动的心情迎来了第×届泉州旅游节的召开。在此，我谨代表中共鲤城区委、鲤城区人民政府和热情好客的鲤城人民，再次向在百忙中拨冗光临本届盛会的各级领导、各位贵宾、海内外各界朋友表示最热烈的欢迎和最衷心的感谢！

本届旅游节是泉州市首次由市辖区单独承办的一次历史性大节日，是各位领导、各界贤达、亲朋好友共话友谊、共襄盛举、共谋发展的一次历史性大聚会。我们相信，有各级领导的关心指导，有海内外各界朋友的大力支持和积极参与，以“展示多元文化，彰显名城风采”为主题的第六届泉州旅游节，一定能够办成一个全面展示泉州市及鲤城区改革开放成就和丰富旅游资源的展示盛会，一个加强与海内外各界朋友沟通联系、增进友谊、扩大合作的交流盛会，一个异彩纷呈、令人难忘的旅游盛会，一个推动旅游产业发展、互利互动共荣的收获盛会。

现在，我提议：让我们共同举杯，为第六届泉州旅游节的圆满成功，为各位领导、各位贵宾、各位朋友的光临，为大家的身体健康、事业发达、合家幸福，干杯！

范文在线赏析二

【致辞人】舟山市委领导

【致辞背景】在第×届中国普陀山南海观音文化节迎宾宴会上

尊敬的各位领导、各位来宾、女士们、先生们：

晚风送爽、丹桂飘香。今晚，我们相约在海天佛国、观音道场，出席第×届中国普陀山南海观音文化节。这将是一个美好的夜晚。这注定又是一个不眠之夜。在此，我代表舟山市人民政府、本届文化节组委会及全市百万干部群众，向光临观音文化节的各位领导和嘉宾表示热烈的欢迎和衷心的感谢！

舟山市是东海之滨最美丽的群岛，是中国海洋文化的发祥地之一。海洋孕育了舟山这颗璀璨的东方明珠，这座富有魅力的渔都港城，这片万众信仰的人间乐土。当今世界，海洋对人类的发展具有越来越重要的意义。是人类文明相互沟通的主要渠道，走向海洋就是走向世界，发展海洋文化就是展现世界文化精萃。观音文化作为舟山市海洋文化中最具内涵、最具活力的经典文化，已成为我市对外交流、友好往来的重要纽带和平台。近年来，我们充分挖掘海岛特有的旅游资源，因地制宜、真抓实干，努力把舟山特有的旅游文化资源优势转化为文化旅游产品优势，逐步形成了以普陀山南海观音文化节为龙头的舟山节庆三大品牌。前几届观音文化节在社会各界的广泛支持、参与下，广结佛缘、万众梯航、盛况空前。第×届观音文化节充分作好继承、创新文章，进一步挖掘了普陀山乃至舟山海洋文化资源，进一步突出观音文化的国际性、大众性、参与性，进一步探索我市旅游经济发展、和谐社会建设的新思路、新办法。我们也有理由相信。本届观音文化节的成功举办，必将为扩大舟山海天佛国、渔都港城的国际影响，为加强舟山与社会各界之间文化、旅游、经贸等各个领域的交流合作，为创造千岛舟山美好的明天作出新的贡献。同时，也希望海天佛国普陀山给各位领导、各界朋友留下美好的回忆！

我提议：为××××中国普陀山南海观音文化节取得圆满成功。为各位领导、各位来宾的身体健康，为我们诚挚的友谊，干杯！

庆祝活动迎宾祝酒辞

范文在线赏析

【致辞人】××省××县领导

【致辞背景】在××诗社成立20周年庆典的迎宾宴会上致祝酒辞

尊敬的各位领导、各位前辈、各位来宾：

大家好！

"有朋自远方来，不亦乐乎。"非常感谢大家能够来到美丽的××，参加××诗社成立20周年庆典活动，首先，我代表××县委、县政府向各位领导、各位来宾表示热烈的欢迎！

××历史悠久，特色浓郁。美丽的自然风光、醉人的侗乡风情、神秘的夜郎文化使这片乐土充满了无穷的魅力；厚重的文化底蕴更使这片乐土成为诗词歌赋之乡。文化也就成了××对外的一张名片，并不断释放出巨大的经济潜能。我们真诚地期望，通过文化桥梁加强与大家的沟通联系，真诚地期望大家能常来××做客，探寻古夜郎之神奇。

下面我提议：大家共同举杯，祝中华诗词更加发扬光大，祝领导、来宾身体健康，万事如意！干杯！

工作会议迎宾祝酒辞

范文在线赏析一

【致辞人】县委领导

【致辞背景】在全县劳务输出工作现场会欢迎宴上致祝酒辞

尊敬的省劳务办××主任、市政府××市长、各位领导、同志们：

大家好！

荆山迎嘉宾，洛水会宾朋。在全市上下认真贯彻落实全市经济工作会议和市委工作会议精神的重要时期，全市劳务输出工作现场会在我县隆重召开，这充分体现了省、市领导对我县劳务输出工作的关心和支持，我们备感鼓舞。在此，我谨代表中共××县委、县人大、县政府、县政协，以及全县××万人民，向在百忙之中参加会议的省劳务办和市政府的各位领导、同志们，表示热烈的欢迎和衷心的感谢！

近年来，我县立足丰富的劳动力资源优势，坚持把劳务输出作为助农增收、富民强县的一项主导产业来抓，抢抓机遇，因势利导，积极为农民工提供用工信息、联系劳务基地、开展技能培训、加强保障服务。努力扩大输出规模，有效增加了农民收入，被省劳务办命名为“全省劳务输出工作示范县”和“全省境外就业先进县”“梯田人”劳务品牌被中国就业促进会评为“全国优秀劳务品牌”。但我们深知，我们的工作与市委、市政府的要求和群众的愿望相比，还有一定的不足和差距，敬请各位领导和同志们提出宝贵的意见和建议。我们将以贯彻落实这次现场会议精神为契机，认真学习兄弟县区的好经验、好做法，按照市委、市政府的工作要求，进一步加强务工人员的技能培训，不断拓宽劳务基地，扩大输出规模，做大做强“梯田人”劳务品牌，真正把劳务产业培育成我县的一大主导产业，努力促进全县经济社会又好又快发展。

现在，请允许我提议：为了预祝会议的圆满成功，为了各位领导和同志们的身体健康、工作顺利、家庭幸福，共同干杯！

范文在线赏析二

【致辞人】全国工商联女企业家商会会长××

【致辞背景】在××市工商联女企业家联谊会加入全国工商联女企业家商会的欢迎晚宴上致祝酒辞

尊敬的××市工商联女企业家联谊会会长暨全体会员姐妹们，尊敬的各位领导、各位嘉宾：

大家晚上好！

今天是九月八号——九八，广东话的谐音是“就发”；今晚这个酒宴就是为欢迎咱们××市工商联女企业家联谊会加入全国工商联女企业家商会而设的。这象征着“××女企联”的姐妹们今后会更加发达！百尺竿头。更进一步；目极千里，更上层楼。我代表全联女商会全体姐妹对××女企联在今天这个好日子、在我们共和国××华延的前夕成为我会的团体会员表示由衷的欢迎和热烈的祝贺！

全联女商会是中华全国工商联的全国性直属商会，也是全联唯一的综合商会。它是在 1995 年成立的“联谊会”的基础上，于

2004年更改为现名的。目前有直属个人会员306位，包括贵会在内的团体会员18个。个人会员总数两千多；各级人大代表、政协委员占到直属会员的80%以上；团体会员遍及全国15个省市区及澳门，还有东北、西藏、香港等多地的女企业家组织正在积极与我会联络，筹组当地的女商会并成为我会的团体会员。女商会的文化是：致富思源，富而思进，利义兼顾，德行并重，发展企业，回馈社会。本届女商会自去年以来，先后组织了四次慈善活动，仅汶川大地震的捐款就达1.12亿元，受到全国政协副主席、全联主席黄孟复的书面表扬：女商会还组织了诸如越南考察、世界女性论坛亚洲大会、中国—东盟女企业家论坛等国际交流活动；举办了首届（2008）投融资服务咨询洽谈会；召开了四届一次理事会，开设了女企业家论坛；“献论文，迎国庆”——女企业家优秀论文征集评选活动正有声有色地进行；在《劳动法》执行情况的调查和《社保法》征求意见的过程中，积极参与，献计献策，参政议政。眼下，我会正根据国务院对全联及民政部的政策指导意见，在全联推荐下，申请在民政部独立注册登记，争取于明年获批。

下面，请大家举杯，为我们的共同目标，为共和国的××华诞，为姐妹们的事业兴旺、身体健康、家庭幸福，干杯！

范文在线赏析三

【致辞人】××市委领导

【致辞背景】在全国民主党派工作研讨会上致迎宾祝酒辞

全国民主党派工作研讨会的各位领导、同志们：

大家好！

在这气候宜人的仲夏时节，我们在这里举行宴会，热烈欢迎全国民主党派工作研讨会的各位领导莅临××指导工作。首先。我代表中共××市委对各位领导、各位同志的到来表示热烈的欢迎！

××市是××的省会城市，辖×区×市×县和×个开发区，总面积××××平方公里，总人口×××万人。××是“森林之城”，有着丰富的矿产资源、秀丽的自然风光、浓郁的民族风情、难得的宜人气候。改革开放以来，××市经济社会发展取得了长足进步，实现了经济社会的全面、协调、可持续发展，“三个文明建设”全面推进。长期以来，中共××市委始终把多党合作事业作为推进社会主义政治文明建设的一项重要工作来抓。坚持“长期共存、互相监督、肝胆相照、荣辱与其”的基本方针。进一步加强同各民主党派的合作共事，积极支持各民主党派和无党派人士充分发挥参政议政和民主监督作用，努力为民主党派开展工营造更加宽松稳定、团结和谐的政治环境。这次研讨会在××召开，给我们提供了向各兄弟城市学习的极好机会。我相信，全国研讨会在××召开，必将对××市多党合作事业的发展起到积极的促进作用，为××市率先在全省实现经济社会发展的历史性跨越作出新贡献。

现在，我提议：为友谊之树常青，为各位领导和同志们的身体健康，干杯！

友好活动迎宾祝酒辞

范文在线赏析

【致辞人】接待方领导

【致辞背景】在欢迎友好城市代表团的晚宴上致祝酒辞

尊敬的××副市长、各位领导、同志们：

晚上好！

正值××人民深入贯彻党的××届×中全会，加快建设大城市的重要时刻，×××副市长率××市代表团赴××开展对口支持工作，这充分体现了对我区工作及经济社会发展的关心与支持。首先，我代表中共××区委、区人大、区政府、区政协和全区××万人民，向×××副市长一行的到来表示热烈欢迎。

十年来，××市委、市政府积极响应党中央和国务院号召，以高度的政治责任感，积极开展对口支援和经济技术协作。累计为××捐款捐物××万元，积极组织知名企业到××考察洽谈，××××等企业和项目已落户××，有力地促进了××经济社会发展。在此，我代表中共××区委、区人大、区政府、区政协和全区×××万人民，向在座各位并通过你们向所有关心、支持××开发建设和经济社会发展的各级领导、各界朋友表示衷心的感谢和崇高的敬意！

××是××的中心城市，拥有良好的发展机遇和广阔的发展前景。今后一个时期，我们将按照“五年打基础，十年构框架，二十年建成大城市”的战略部署，加快经济发展，推进城市建设。为实现这一目标，我们将全方位扩大对外开放，真诚希望××市一如既往地大力支持、关注××的经济社会发展，进一步扩大经济技术合作与变流，组织引导更多的企业到××投资兴业。我们将创造一流的政务环境、法制环境、工作环境、社会环境，支持到××投资的企业的发展。

现在，我提议：请大家共同举杯，为我们的真挚友谊，为我们的精诚合作，为各位的身体健康，干杯！

迎宾祝酒辞盘点

向新朋友们表示热烈欢迎，并希望能与新朋友们密切协作，发展相互间的友好合作关系。

让我们的手紧握在一起，友好交流吧！让我们心灵相通，快乐地笑吧！共同倾吐一下，各自向往的美好未来。

我们辛勤耕耘着这块土地，甜果涩果分尝一半。为了共同享有那甜蜜的生活，我们仍然需要继续奋斗，需要精神团结。

我们携手共进，战果才会辉煌。

愿我们共同浇注心血的田地里，能成长出丰盛的果实。让我们从现在开始，肩并肩，手拉手，将过去和未来联系起来吧！让我们将人生变成一个科学的梦，再让梦想成真。

我们的友谊里蕴涵着热情、善良和希望。

人之相知，贵相知心。

第十四章

善始善终，杯酒言欢的开幕闭幕酒

开幕辞是党政机关、社会团体、修整业单位的领导人，在会议开幕时所作的讲话，旨在阐明会议的指导思想、宗旨、重要意义，向参会者提出开好会议的中心任务和要求。在开幕之际，举杯畅饮，借此表达对活动成功的美好祝福。而闭幕辞是一些大型会议结束时由有关领导人或德高望重者向会议所作的带有总结性、评估性和号召性的致辞。

开幕祝酒辞结构

天下万事万物，均有始终，善始善终，方为圆满。开幕时，众人举杯预祝成功，祝酒辞对人们的集体向心力起着无可替代的催化、强固作用；闭幕时，再度举杯庆祝圆满落幕，祝酒辞联结大家同心协力，团结了每个个体，使其凝为一体，共举大事。

开幕祝酒辞通常由称谓、开头、正文及结尾组成。

第一部分为称谓

称谓一般写作“各位代表”“先生们，女士们”，如有特邀嘉宾，可以写作“尊敬的×××先生，各位代表，朋友们”等。

第二部分为开头

开头是宣布开幕之类的话。

第三部分为正文

正文部分一般包括以下内容：会议的筹备和出席会议人员的情况；会议召开的重要背景和意义；会议的性质、目的以及主要任务；会议的主要议程以及要求；会议的奋斗目标以及深远影响等。在致辞时一定要把握会议的性质，郑重阐述会议的特点、意义、要求和希望，对于会议本身的情况要进行高度概括的说明，点到为止；行文要流畅、明快，评议要坚定有力，要充满热情，富于鼓舞力量。

第四部分为结尾

结尾通常都是“祝大会圆满成功”之类。开幕祝酒辞的特点是：简洁明了、短小精悍，多使用祈使句，表示祝贺和希望；口语化，语言应该通俗、明快、上口。

闭幕祝酒辞结构

闭幕辞是一些大型会议结束时由有关领导人或德高望重者向会议所作的带有总结性、评估性和号召性的致辞。

闭幕辞常要对会议或活动作出正确的评估和总结，充分肯定会议或活动所取得的成果，强调会议或活动的主要精神和深远影响，激励有关人员宣传会议或活动的精神实质和贯彻落实有关的决议或倡议。

闭幕辞由标题、称呼和正文、结尾四部分组成。

标题与称呼的写法与开幕辞基本相同。在标题和称谓之后，另起一段首先说明会议已经完成预定任务，现在就要闭幕了；然后概述会议的进行情况，恰当地评价会议的收获、意义及影响。核心部分要写明：会议通过的主要事项和基本精神；会议的重要性和深远意义；向与会人员提出贯彻会议精神的基本要求，等等。一般说来，这几方面内容都不能少，而且顺序是基本不变的。写作时要掌握会议情况，有针对性地对会议内容予以阐述和肯定；行文要热情洋溢，文章要简洁有力，起到激发斗志、增强信念的作用。

结尾部分一般先以坚定的语气发出号召，提出希望，表示祝愿等；最后郑重宣布会议闭幕。

闭幕辞要写得与开幕辞前后呼应、首尾衔接，显示大会开得很圆满、很成功。

闭幕辞有以下特点：

第一个特点是总结性

闭幕辞是在会议的闭幕式上使用的文种，要对会议内容、会议精神和进程进行简要的总结并作出恰当评价，肯定会议的重要成果，强调会议的主要意义和深远影响。

第二个特点是概括性

闭幕辞应对会议进展情况、完成的议题、取得的成果、提出的会议精神及会议意义等进行高度的概括。因此，闭幕辞的篇幅一般都短小精悍，语言简洁明快。

第三个特点是号召性

为激励参加会议的全体成员实现会议提出的各项任务而奋斗，增强与会人员贯彻会议精神的决心和信心，闭幕辞的行文应充满热情。语言坚定有力，富有号召性和鼓动性。

第四个特点是口语化

闭幕辞要适合口头表达，写作时要求语言通俗易懂、生动活泼。

比赛开幕祝酒辞

范文在线赏析

【致辞人】区领导

【致辞背景】在庆“八一”领导干部篮球赛开幕酒会上致祝酒辞

尊敬的各位领导、同志们、朋友们：

大家晚上好！

首先，我代表××区委、区政府向各位领导的到来表示热烈的欢迎，向一直以来给予我们支持和帮助的领导和朋友们致以崇高的谢意！

今晚的酒会，我们有三喜。

一喜，是喜迎建军××周年，全区军民同庆，鱼水之情更深、更浓。

二喜，是由×××、×××、×××联合主办的庆“八一”领导干部篮球比赛，今天下午就要开幕了。比赛场上，运动员们将以球会友，强健体魄。

三喜，是区、矿、乡领导欢聚一堂，借球赛之机，共叙友情，共谋地区发展更大的合作领域。

××是我们共同的家同！无论是在企业还是在机关，无论是中直还是省直，无论在军队还是在地方，我们都共同生活、工作在××这片美丽的土地上，共饮××水，同为××人。携手共建一个美好和谐的新××，是我们无上的光荣。我们要更加紧密地团结起来，树立区域一体、共谋发展的思想，走项目联上、市场联开、城区联建的发展之路，在干事创业，造福于民的道路上再创新佳绩，铸就新辉煌！

美好的未来要靠我们用激情和热情，用智慧和劳动，用汗水和奉献，用信念和奋斗去开创！

现在我提议：让我们共同举杯，为迎来××地区更加灿烂辉煌的明天，干杯！

展会开幕祝酒辞

范文在线赏析

【致辞人】贸易促进委员会分会领导

【致辞背景】在展览会开幕招待酒会上致祝酒辞

女士们、先生们：

晚上好！

中国国际××展览会今天开幕了。今晚，我们有机会同各界朋友欢聚，感到很高兴。我谨代表中国国际贸易促进委员会××市分会，对各位朋友光临我们的招待会，表示热烈欢迎！中国国际××展览会自上午开幕以来，已引起了我市及外地科技人员的浓厚兴趣。这次展览会在××举行，为来自全国各地的科技人员提供了经济技术交流的好机会。我相信，展览会在推动这一领域的技术进步以及经济贸易的发展方面将起到积极作用。

今晚，各国朋友欢聚一堂，我希望中外同行广交朋友，寻求合作，共同度过一个愉快的夜晚。

最后，请大家举杯，为中国国际××展览会的圆满成功，为朋友们的健康，干杯！

节庆开幕祝酒辞

范文在线赏析

【致辞人】秦皇岛常务副市长

【致辞背景】在第×届中国秦皇岛昌黎国际葡萄酒节招待酒会上

尊敬的各位领导、各位来宾：

金秋九月，硕果飘香。在这个美好的季节，我们有幸请来全国各地的嘉宾、朋友，共同庆祝第×届中国秦皇岛昌黎国际葡萄酒节隆重开幕。在此，我谨代表中共秦皇岛市委、秦皇岛市人民政府，对各位领导、各位来宾表示热烈的欢迎和衷心的感谢！

秦皇岛是中国第一瓶干红葡萄酒诞生的地方。近年来，我市大力培植葡萄酒产业，不断丰富和延伸产业链条。目前全市拥有近×万亩酒葡萄基地，形成了华夏长城、朗格斯酒庄等高档次葡萄酒加工企业集群，以葡萄酒为主题的休闲旅游初具规模，葡萄酒产业已发展成秦皇岛市重要的支柱产业。

中国秦皇岛昌黎国际葡萄酒节，是弘扬葡萄酒文化，打造葡萄酒品牌，增进业界交流和友谊的重要平台。酒节已成功举办了×年，我们的葡萄酒品牌由全国逐步走向了世界，各兄弟城市间的感情也越来越深。本届酒节继续秉承政府搭台、企业唱戏的办节思路，突出合作共赢主题，坚持以节会友、以酒叙情，不断拓展业界合作领域，不断提升我市葡萄酒品牌知名度和影响力。

希望各位嘉宾、各界朋友一如既往地关注和支持秦皇岛市干红葡萄酒产业的发展。我相信，有在座各位的鼎力相助，本届葡萄酒节一定会取得圆满成功，秦皇岛的葡萄酒产业一定会实现持续快速发展。

最后，我提议：让我们共同举杯，预祝第×届中国秦皇岛昌黎国际葡萄酒节圆满成功！祝各位领导、来宾、朋友，身体健康，万事如意！干杯！

比赛闭幕祝酒辞

范文在线赏析一

【致辞人】公司领导

【致辞背景】在职工乒乓球比赛的闭幕宴会上

尊敬的领导们、同胞们：

大家晚上好！

春回大地百花香，举杯同庆新篇章。今天，在这璀璨的时刻，我们欢聚一堂，共同庆祝××公司第五届××××杯职工乒乓球比赛的闭幕。在此。我代表××党委向出席今天宴会的领导及××同胞表示热烈的欢迎！

×××公司已先后举办了五届乒乓球比赛，极大地丰富了广大员工的业余文化生活，激发了广大职工参与全民健身的热情，锻炼了员工的体魄，增进了员工之间的相互了解。我们将珍惜这次难得的机会，认真学习和借鉴×××的光荣传统和先进经验，加强交流，扩大往来，增强×××同胞兄弟般的情谊，在交流切磋之间共同发展，一起形成坚固的与同业竞争的抗衡力。这次活动在××市举办并由×××单位承办，得到了有关部门大力支持，在此表示衷心的感谢！

在这次比赛中，相关工作人员各负其责、加强协作，切实搞好服务，确保了比赛客观、真实、公正、公平；同时，参赛选手发扬了顽强拼搏的精神和良好的体育道德风尚，赛出风格、赛出水平，展示出职工良好的精神风貌，达到了增强体质、创建和谐的目的。这将促进营造具有××特色的企业文化氛围，进一步推动精神文明建设，以健康的体魄、良好的精神风貌努力开展工作，促进各项工作的发展。

让我们为今天的相聚，为明天的希望，为你我的健康，为大赛圆满的成功，干杯！

范文在线赏析二

【致辞人】××市××县委领导

【致辞背景】在××县委“紫荆杯”篮球邀请赛闭幕式上致祝酒辞

尊敬的各位领导、各位来宾、同志们：

大家下午好！

在欢庆“五一”的热烈气氛中，经过三天的紧张比赛，××县“紫荆杯”篮球邀请赛今天就要胜利闭幕了。在此，我谨代表××县委、县人大、县政府、县政协及全县43万人民，向不辞辛苦、远道而来的各位领导、各位嘉宾、体育界同仁表示最诚挚的敬意！

本次篮球邀请赛，既对我县近年来经济文化建设成果进行了宣传和展示，也同全市各县（区）进行了广泛的学习和交流，加强团结，增进了友谊。在比赛过程中，各县（区）代表队充分发扬团队精神，团结拼搏，勇于进取，赛出了风格，赛出了水平，给××人民留下了深刻的印象。本次邀请赛是一次开拓创新、共建和谐的盛会，是一次凝聚人心、鼓舞干劲儿的盛会，达到了相互交流、共赢发展的目的。我相信，这次邀请赛的成功举办，必将对今后兄弟县（区）之间的共同合作、对加深各县（区）之间的友谊、对全市体育事业的蓬勃发展起到积极的推动作用。

现在，我提议：为本次邀请赛的成功举办，为我们共同的友谊，为朋友们的健康、幸福，干杯。

艺术节闭幕祝酒辞

范文在线赏析

【致辞人】××市××区领导

【致辞背景】在××艺术节闭幕式上

尊敬的各位艺术团团长、各位民间艺术表演家：

大家晚上好！

刚才在我们的闭幕式上，每个艺术团都拿到了一个精致的奖杯，在此，我代表艺术节组委会向大家表示衷心的祝贺！

×××艺术节是世界民间艺术交流的舞台，在这个舞台上，我们交流艺术，增进友谊。正是有了大家的参与，我们的艺术节才举办得如此绚丽多姿、精彩无比。

在过去的8天里，大家的精彩演出给××人民留下了难忘的印象，我们已经为大家做好了精美的影集和开幕式视频资料，明天各位将陆续离开××，我希望大家能把这些照片和带回自己的家乡，和家人、朋友共同分享艺术节的成功和喜悦。我相信，虽然我们相隔遥远，但我们的心灵是相通的，我们的友谊是永恒的。

最后，让我们共同举杯，为艺术节的圆满成功，为我们的友谊干杯！

展览会开幕晚宴祝酒辞

范文在线赏析一

【场合】开幕晚宴

【人物】贸促会分会人员、嘉宾

【致辞人】分会会长

女士们、先生们：

晚上好！“中国国际××展览会”今天开幕了。今晚，我们有机会同各界朋友欢聚，感到很高兴。我谨代表中国国际贸易促进委员会××市分会，对各位朋友光临我们的招待会，表示热烈欢迎！

“中国国际××展览会”自上午开幕以来，已引起了我市及外地科技人员的浓厚兴趣。这次展览会在××举行，为来自全国各地的科技人员提供了经济技术交流的好机会。我相信，展览会在推动这一领域的技术进步以及经济贸易的发展方面将起到积极作用。希望每一位有远见、有实力的朋友都能抓住机会，参与其中，施展才干，创建业绩，赢得未来。

今天在座的各位来宾中，有许多是我们的老朋友，我们之间有着良好的合作关系。对于你们的真诚合作，我们表示由衷的赞赏和感谢。同时，我们也热情欢迎来自各国各地区的新朋友，为有幸结识这些新朋友感到十分高兴。

今晚，各国朋友欢聚一堂，我希望中外同行广交朋友，寻求合作，共同度过一个愉快的夜晚。

最后，请大家举杯，为“中国国际××展览会”的圆满成功，为朋友们的健康，干杯！

范文在线赏析二

【场合】开幕招待酒会

【人物】市领导、嘉宾

【致辞人】××市副市长

尊敬的各位领导、嘉宾，女士们、先生们：

晚上好！

今天，有机会同各位领导、各位嘉宾、各位朋友相聚，我非常高兴。我谨代表××市政府，代表本届展会的主办和承办机构，对光临今天晚上开幕招待酒会的各位领导、各位嘉宾、各位朋友表示热烈的欢迎和衷心的感谢。

本届展会以“承载梦想、畅想生活”为主题，集中展示各类乘用车、商用车以及汽车零配件、汽车用品等。展会总规模达到×××××平方米。其中，整车参展企业××家，展出面积×××××平方米，零配件及用品参展企业×××家，展出面积×××××平方米。

本届汽车展的参展企业阵容强大，品牌云集。参展商对本届××汽车展的重视度进一步提高。在当日举行新车发布会的参展企业有30多家，20多台概念车及90多台新车争相登场，来自海内外的汽车行业知名厂商纷纷亮相，在××汽车展这个优秀的商业平台上展示他们的最新产品、先进技术及品牌形象。

本届展览会的成功举办，有赖于国内外有关单位的积极参与和大力支持。谨此，我代表主办机构，向所有支持××汽车展的机构和朋友们表示衷心的感谢！并诚挚地希望在座各位一如既往地支持××汽车工业及××汽车展的发展。

现在，请大家举杯，为预祝本届展会圆满成功，为各位朋友的身体健康，干杯！

开幕、闭幕祝酒辞盘点

开幕祝语

我们欢迎各位朋友到本地观光游览，发展相互间的友好合作关系。最后，预祝此次国际技术合作和出口商品洽谈会圆满成功。

你们是祖国的未来和希望，我期望你们通过这次体育盛会中去享受成功的喜悦，体味拼搏的乐趣，去创造崭新的未来！预祝全体运动员取得优异的成绩！预祝本届运动会取得圆满成功！

在本届学术研讨会上，希望各位谦虚为怀，保持学者形象和风度，相互交流、谦虚学习、互取所长，齐心协力推动学术的大发展。

着眼未来，我们肩负的研究事业任重而道远，让我们高举团结的旗帜，努力拼搏，开拓进取，为这个领域作出新的贡献。

今天在座的有金融方面的专家，也有实业界的老总，希望本届论坛能够对大家有所帮助，最后预祝大会圆满成功。

闭幕祝语

祝贺这次学术研讨会胜利闭幕！

这次体育运动大会是对我校师生的一次检验。我校师生在本次运动会上表现出了较高的体育道德风范。本次运动会蕴涵着全体体育教师多天来的辛勤汗水；蕴涵着班任、科任教师的不懈努力；更蕴涵着全体运动员们顽强的意志，这是一次令人鼓舞的运动会。

可以说，这次大会开得很成功，是一次解放思想、同心协力、创新务实、生动活泼的大会，也是××市工商业联合会进入新世纪具有承前启后、继往开来意义的一次盛会，它必将掀开××市工商业联合会历史新的篇章。

经过与会代表的共同努力，这次会议取得了圆满成功。可以说，这是一次民主、团结、奋进的大会。

国际科学与和平周，集中体现了全球许多人在从事的日常活动，得到了广泛的支持，取得了令人瞩目的成绩，大会圆满成功。我表示衷心的感谢，并希望我们在下一届大会上再相会。

短短的几个小时匆匆而去，让我们在新的一年里放飞自己的梦想。让我们一起欢歌吧，明年见。

在刚才欢乐的时光中，我们放下了苦恼，放飞了梦想！在这里，预祝明天会更好！

在新年的钟声中祝大家新年快乐，祝本次大会取得圆满成功。

第十五章

滚滚财源杯中来的商务酒

俗话说：“无酒不成席”“杯子底下好办事”。商场是没有硝烟的战场，商场需要酒，酒能拉近彼此之间的距离。商场上一次成功的酒局，更有可能直接促成一笔生意。因此，掌握商务祝酒辞的谈吐技巧便成了当务之急。

商务宴会祝酒辞结构

商场是没有硝烟的战场，商场需要酒，酒能拉近人与人之间的距离。商场上一次成功的酒局，更有可能直接促成一笔买卖。这也是商务会馆四处“泛滥”的原因。但是，成功的酒局，需要成功的祝酒辞。

俗话说：“无酒不成席”“杯子底下好办事”。因此，掌握商务祝酒辞的写作要领便成了当务之急。

商务祝酒辞由以下四部分组成：

第一部分为称谓

称谓要亲切，视来宾身份而定，如“尊敬的×××董事长”“尊敬的各位领导”“尊敬的各位来宾”等。

第二部分为开头

先点明聚会的缘由，再向来宾表示欢迎和对他的出席表示感谢。

第三部分为正文

正文部分要总结自己所在企业在以往取得的成绩，对员工等给予肯定和赞扬。如果对方是自己所在企业的合作伙伴，还要对其表示感谢。接下来要谈自己的感想和心情，以及对未来的憧憬和期望。目标既要鼓舞人心，又不可空泛，不切实际。

第四部分为结尾

向出席商务酒宴的人献上自己的祝福。

商务宴会礼仪

第一步是商秀邀约礼仪

在商务宴席或酒会中，因为各种各样的实际需要，商务人员必须对一定的交往对象发出约请，邀请对方出席参加某项活动，或是前来我方做客。这类性质的活动，在商务礼仪中称之为邀约。

在民间。邀约有时还被称为邀请或邀集。站在交际这一角度看待邀约，它实质上乃是一种双向的约定行为。当一方邀请另一方或多方人士，前来自己的所在地或者其他某处地方约会，以及出席某些活动时，主办方不能仅凭自己的一厢情愿行事，而是必须取得被邀请方的同意。作为邀请者，不能不自量力，邀请地位高不可及的人士，自寻烦恼，否则既麻烦别人，又自讨没趣。作为被邀请者。则需要及早地作出合乎自身利益与意愿的反应。不论是邀请者，还是被邀请者，都必须把邀约当做一种正规的商务约会来看待，对它绝对不可以掉以轻心，大而化之。

对邀请者而言，发出邀请如同发出一种礼仪性很强的通知一样，不仅要合乎礼仪，以期取得被邀者的良好回应，还必须使之符合双方各自的身份，以及双方之间关系的现状。

在一般情况下，邀约有正式与非正式之分。正式的邀约，既讲究礼仪，又要设法使被邀请者备忘，故此它多采用书面的形式。非正式的邀约通常是以口头形式来表现的。相对而言，它要显得随便一些。

正式的邀约，有请柬邀约、书信邀约、传真邀约、便条邀约等具体形式，它适用于正式的商务交往中。非正式的邀约，也有当面邀约、托人邀约以及打电话邀约等不同的形式，它多适用于商界人士非正式的接触之中。前者可统称为书面邀约，后者则可称为口头邀约。

根据商务礼仪的规定，在比较正规的商务往来之中，必须以正式的邀约作为邀约的主要形式。因此，有必要对它作出较为详尽的介绍。

在正式邀约的诸多形式之中，档次最高，也最为商界人士常用的当属请柬邀约。凡精心安排、精心组织的大型活动与仪式，如宴会、舞会、纪念会、庆祝会、发布会、单位的开业仪式等，只有采用请柬邀请嘉宾，才会被人视之为与其档次相称。

请柬又称请帖，它一般由正文与封套两部分组成。不管是购买印刷好的成品请帖，还是自行制作请帖，在格式上、行文上，都应当遵守成规。

请柬正文的用纸大都比较考究。它多用厚纸对折而成。以横式请柬为例，对折后的左面外侧多为封面，右面内侧则为正文的行文之处。封面通常采用红色，并标有“请柬”二字。请柬内侧，可以同为红色，也可采用其他颜色。但民间忌讳用黄色与黑色，通常不可采用。在请柬上亲笔书写正文时，应采用钢笔或毛笔，并选择黑色、蓝色的墨水或墨汁。红色、紫色、绿色、黄色以及其他鲜艳的墨水，则不宜采用。

在请柬的行文中。通常必须包括活动形式、活动时间、活动地点、活动要求、联络方式，以及邀请人等项内容。比如：

谨订于××年×月×日下午一时于本市金马大酒店水晶厅举行××集团公司成立六周年庆祝酒会。敬请届时光临。

联络电话××××××××

备忘

在请柬的左下方注有“备忘”二字，意在提醒被邀请者届时毋忘。在国际上，这是一种习惯的做法。西方人在注明“备忘”时，通常使用的是同一个意思的英文缩写“p. s.”。

注意以上范文，你可能会发现其中邀请者的名称在行文时没有在最后落款，而是体现于正文之间。其实，把它落在最后，并标明发出请柬的日期，在商务交往中也是允许的。

另外，被邀请者的“尊姓大名”没有在正文中出现，这是因为姓名一般已在封套上写明白了。要是“不厌其烦”地在正文中再写一次，也是可以的。在正文中，“请柬”二字可以有，也可以没有。

附：被邀请者与邀请者名称单独分列的请柬正文示范一则

请柬

尊敬的×××先生：

11月6日下午19时为×××小姐饯行，席设本市北京路8号德大西茶社，恭请光临。

联系电话：××××××××

×××谨订

在对外交往中使用的请柬。应采用英文书写。在行文中，全部字母均应大写，不分段，不用标点符号，并采用第三人称，这是习惯做法。

在请柬的封套上。被邀请者的姓名要写清楚，写端正。这是为了向对方示敬，也是为了确保它被准时送达。

以书信形式向他人发出的邀请，叫做书信邀约。与请柬邀约相比，书信邀约显得要随便一些，故此它多用于熟人之间。用来邀请他人的书信。内容自当以邀约为主，但其措辞不必过于拘束。它的基本要求是言简意赅，说明问题，同时又不失友好之意。可能的话，它应当打印，并由邀请人亲笔签名。比较正规一些的邀请信，有时也叫邀请书或邀请函。

第二步为答复礼仪

受邀请而及时答复。是起码的礼节。回信要写得热情、诚恳、简洁。对正式邀请，通常用第三人称答复，不用签名，文字简短；对非正式邀请，作书面答复时，通常用第一人称，要签名，而且要有一个较大的段落，或分成几小段。包括：感谢对方的邀请；愉快地接受对方的邀请：表示期待应邀赴约的心情。

如果你不想出席此次宴会，也要及时予以回复。婉拒邀请的书信总的要求是要写得简洁明了而婉转，不给人被拒绝的感觉。对于正式邀请的谢绝，一般用第三人称写，或由秘书代写，不必签字；对于非正式邀请的谢绝，一般由第一人称写，并要签名。其内容包括：首先感谢对方盛情邀请，并对不能应邀赴约表示遗憾；再简单陈述不能应邀的理由；最后表示相信今后一定会有机会见面，或向邀请人致以问候。

第三步为商务宴会离席礼仪

一般商务宴会和酒会的时间很长，大约在两小时以上。也许逛了几圈，认识一些人后，你就想离开了。这时候，中途离席的一些技巧，你应该了解一些。

常见一场宴会进行得正热烈的时候，因为有人想离开，而引起众人一哄而散的结果，使主办方急得直跳脚。要避免这种煞风景的后果，当你要中途离开时，千万别和谈话圈里的每个人一一告别，只要悄悄地和身边的两三个人打个招呼，然后离去便可。

中途离开酒会现场，一定要向邀请你来的主办方负责人说明、致歉，不可一溜烟便不见了。

和主办方负责人打过招呼。应该马上就走，不要拉着主人在大门聊个没完。因为当天对方要做的事很多，现场也还有许多客人等待他（她）去招呼，你占了主人太多时间，会造成他（她）在其他客人面前失礼。

有些人参加酒会、茶会，当中途准备离去时，会一一问他所认识的每一个人要不要一块儿走。结果本来热热闹闹的场面，被他这么一鼓动，一下子便提前散场了。这种闹场的事，最难被宴会主人谅解，一个有风度的人，千万不要犯下这种错误。

签订合同祝酒辞

范文在线赏析一

【致辞人】企业领导

【致辞背景】在银企合作协议暨合同签订仪式晚宴上

尊敬的各位领导、各位来宾、朋友们：

大家晚上好！

今晚，高朋满座，美酒飘香。值此××银行与本公司银企合作协议暨合同签订之际，我谨代表公司向出席今天晚宴的各位领导、各位来宾和各位朋友表示衷心的感谢并致以诚挚的敬意！

一年一度秋风劲，喜迎盛会聚宾朋。××××工程是本公司今年乃至今后很长一段时期的重要发展项目，是公司宏伟蓝图的全新起点，是全省××××年的重点工程建设项目，也是全州煤化工发展战略的“龙头工程”，在以×××为领头人的州市各级党委、政府、职能部门的无限关怀下，在州××银行等社会各届的鼎力支持下，在各位朋友大力关注下，经过工程建设人员的努力拼搏，目前工程进展迅速，现已进入设备安装阶段，即将于明年三月投产运行。

好风凭借力，送我上青云。我们愿与所有关心和支持公司建设发展的各界人士及所有参加本次盛会的嘉宾相互合作，共同努力，建设更加美好的明天。

现在我提议：为今天银企合作协议暨贷款合同签订仪式的成功举办。为我们的精诚合作，为各位嘉宾的幸福健康，干杯！

范文在线赏析二

【致辞人】县委领导

【致辞背景】在项目签约仪式招待酒会上致祝酒辞

尊敬的各位领导，各位嘉宾，女士们、先生们：

刚才，我们成功举行了“××××年××投资说明会暨重点项目”签约仪式，现在，又在这里隆重举行招待酒会，以酒助兴，共叙友谊，畅言商机。值此，我谨代表中共××县委、县人大、县政府、县政协，对在百忙之中莅临今晚招待酒会的各位嘉宾、各位朋友表示热烈的欢迎和衷心的感谢！近年来，我们××县委、县政府始终坚持科学发展观，大力实施工业兴县和产业强县战略，优化投资环境，改善服务质量，提升政务效率，积极营造“亲商、安商、富商”的投资创业环境，致力实现“双赢”发展。今天，经过在座各位的共同努力，“××××年××投资说明会”取得了圆满成功。通过聚会，大家对××的产业基础、资源优势、投资环境和发展前景有了更加深刻的认识，这必将使更多的新朋变成老友，成为长久的合作伙伴。我们热切地期待着新老朋友和各路客商牵手××、投资××、发展××，共同创造灿烂美好的明天。

现在我提议：让我们共同举杯，为××的兴旺发达，为我们的友谊地久天长，为各位的身体健康、事业兴旺，干杯！

客户联谊会祝酒辞

范文在线赏析

【致辞人】酒店经理

【致辞背景】在酒店客户联谊会上致祝酒辞

各位来宾，女士们、先生们：

大家晚上好！

今晚，××酒店贵客盈门，高朋满座！各位能在百忙之中莅临我店，我们深感荣幸。首先，请允许我代表×××酒店全体员工，向出席今晚联谊会的各位来宾、各位朋友致以衷心的感谢和诚挚的问候！祝各位身体健康。家庭幸福，万事如意！

×××酒店自××××年开业以来，已走过了×年不寻常的发展历程。×年来，我们与社会各界朋友尤其是与在座的各位嘉宾建立了深厚的情谊，我们的工作日新月异。先后荣获了全国“×××先进单位”“×××先进单位”等荣誉称号。这些成绩的取得，是与各位朋友的关心和支持分不开的。我们希望借“客户联谊会”这样一种形式来表达对各位来宾、各位朋友的由衷感激。在今后的岁月里，我们仍需要各位朋友一如既往地给予我们更多的关爱和支持，我们也一定会以更优质的服务来回报各位，让×××酒店成为您最舒适的家园。

最后，让我们举起酒杯，为共同的理想和美好的明天，为我们的友谊天长地久，干杯！

商务会议祝酒辞

范文在线赏析

【致辞人】县委领导

【致辞背景】在工业园区研讨推进会的宴会上

尊敬的各位领导、各位来宾，女士们、先生们，朋友们：

中午好！

历时半天的××县工业园区建设研讨推进会，在各位的大力支持下已经圆满结束。在此，我代表县委、县政府对各位来宾、各界朋友的真诚帮助和热情谏言，表示最衷心的感谢和最诚挚的敬意！

为了答谢大家对××的厚爱，增进感情，扩大交流，加强合作，我们特在这里举办宴会。共祝我们的事业兴旺发达，我们的友谊地久天长！

××是资源丰裕的宝地，巍巍的××山、滔滔的××河，将把××人的热情带给每一位朋友，也将无限的商机奉献给每一位投资者。今天召开的工业园区建设研讨推进会，是我们寻求合作、寻求发展的开端，更是与大家共创美好明天的前奏。我们真诚地希望各界朋友关心支持××工业园区的发展。也真诚地欢迎大家到工业园区投资兴业，与我们共谋发展、共创伟业。

最后，让我们共同举杯，祝愿××工业园区早日发展壮大；祝愿大家身体健康，万事顺意，事业腾达，财源滚滚！干杯！

范文在线赏析二

【致辞人】长沙市委领导

【致辞背景】在经贸交流与合作高峰论坛晚宴上致祝酒辞

各位领导、各位嘉宾，女士们、先生们：

湘江欢歌庆盛会，麓山红装迎嘉宾。在风景怡人的湘江之滨，在钟灵毓秀的岳麓山下。我们相聚雷锋家乡希望之城，隆重举办湘台经贸交流与合作高峰论坛，同叙友谊，共谋发展，其情真真，其意切切。借此机会，我谨代表中共长沙市委、市人民政府和620万长沙人民。对远道而来的各位嘉宾贵客表示最热烈的欢迎和最诚挚的问候！

友谊架通合作桥。开放拓宽发展路。近年来，湘台两地之间的交流与合作不断深化。并取得了丰硕成果，此次论坛的成功举办就是最好的证明。我们将以此为契机，积极开辟合作新途径，不断拓宽发展新空间，加快对外开放步伐，降低市场准入门槛，提升政务服务水平，使长沙成为经济社会快速发展、核心竞争力不断增强的区域性中心城市，成为台湾资本输出、产业转移的重要基地。我相信，在湘台两地的共同努力下，友谊的桥梁一定会化作腾飞的翅膀，真诚的合作一定会敲开成功的大门。

相聚星城喜事多，酒逢知己千杯少。我提议：让我们共同举杯，为美好的明天，干杯！

发行会祝酒辞

范文在线赏析

【致辞人】《中国外交》作者

【致辞背景】在《中国外交》上海发行会上致祝酒辞

朋友们、同事们：

首先，请允许我对各位来宾光临《中国外交》（××××年版）上海发行式表示热烈的欢迎和诚挚的谢意。

上海是西太平洋地区重要的国际大都市。也是中国对外开放的窗口。上个世纪，《上海公报》的签署和“上海合作组织”的成立，都是中国外交史上具有里程碑意义的重要事件。

在世界人民心中，上海是中国繁荣开放、充满活力、迅速走向现代化的象征。在我和其他从事外交工作的同事心中，上海也是中国的重要外交舞台。上海不仅有将近50个国家的领事机构。而且集中了一大批研究国际政治和经济问题的优秀专家、学者。正是由于这一原因，我们对在上海举行《中国外交》（××××年版）发行式感到由衷的高兴。在此，我代表《中国外交》编辑委员会，向所有为举办这次发行式付出了辛勤劳动的上海国际问题研究所的同志们表示衷心的感谢！

《中国外交》（××××年版）全面回顾了××××年的国际形势和中国外交成就，详细阐述了中国外交政策及中国政府对当前重大国际问题的原则立场。今年，我们还将应国内外读者的要求，首次出版该书的英文全译本。我相信，这将对外国朋友了解中国外交提供更多的方便。

中国外交的宗旨是维护世界和平、促进共同发展。一年多来，面对复杂多变的国际形势，中国政府坚定奉行独立自主的和平外交政策，积极参与国际事务，大力开展国际合作，赢得了国际社会更多的理解、信任、尊重和支持，也为中国实现全面建设小康社会奋斗目标进一步创造了良好的外部环境。

展望未来，中国外交肩负的责任更加重大。进一步增进中国与世界各国的了解与友谊是中国外交的重要使命。在此，我再次真诚感谢各位朋友关心和支持《中国外交》，希望此书成为联结我们与国内外各界朋友的一座桥梁。

现在我提议：为《中国外交》（××××年版）顺利出版发行，为各位来宾的身体健康，干杯！

颁奖典礼祝酒辞

范文在线赏析

【致辞人】《中国证券报》副总编辑

【致辞背景】在××××年金牛基金论坛暨第×届中国基金业金牛颁奖典礼晚宴上致祝酒辞

各位嘉宾，女士们、先生们：

大家晚上好！

感谢各位参加中国证券报社主办的第×届中国基金业金牛奖颁奖典礼活动，并坚持到现在，大家辛苦了！

与往届相比，今年举办的第×届中国基金业金牛奖评选活动有着特殊的意义。去年受美国金融危机影响。中国股市出现了罕见的熊市行情，这使资产管理难度空前加大。在这种情况下，能够获得基金金牛奖尤其难能可贵。可以说。这届金牛奖含金量更高。

中国基金业金牛奖评选活动已经年满×周岁。通过举办这×次评选活动，集中展示了一批优秀基金及优秀基金管理公司，为投资者提供了投资参考。扩大了基金业在社会上的知名度与影响力，并推动了基金行业向着规范、健康的方向发展。×年来，基金金牛奖评选活动始终严格坚持公正、公平、公开、有公信力的原则，并充分尊重基金业的发展规律，因而得到了基金行业和基金监管层的广泛认可。成为行业内最具公信力的权威奖项之一。

路遥知马力。观察历届金牛奖得主可以发现。它们大都经受住了市场风雨的考验，展现了相对出色的持续回报能力。本届持续优胜金牛奖得主中的绝大多数获奖者，都是历届金牛奖的“常客”。这也充分表明，金牛奖确实为投资者挑选出了一批具有持续回报能力的优秀基金。

再次向获奖基金公司表示祝贺，并感谢各位多年来对《中国证券报》基金金牛奖评选活动的大力支持！下面让我们端起酒杯，共同为牛年取得更牛的业绩而干杯！

招商引资祝酒辞

范文在线赏析一：投资与重点项目签约招待会祝酒辞

【场合】招待酒会

【人物】县领导、客商

【致辞人】县长

尊敬的各位领导、各位嘉宾，女士们、先生们：

晚上好！

今天，我们成功地举行了“2007××投资说明会暨重点项目签约”仪式，现在，又在这里隆重举行招待酒会，以酒助兴，共叙友谊，畅言商机。值此，我谨代表中共××县委、县政府，对在百忙之中莅临今晚招待酒会的各位嘉宾、各位朋友表示热烈的欢迎和衷心的感谢！

近年来，我们××县委、县政府始终坚持科学的发展观，大力实施工业兴县和产业强县战略，优化投资环境、改善服务质量、提升政务效率，积极营造“亲商、安商、富商”的投资创业环境，致力实现“双赢”发展。

今天，经过在座各位的共同努力，“2007××投资说明会”取得了圆满成功。通过聚会，大家对水乡××的产业基础、资源优势、投资环境和发展前景有了更加深刻的认识，这必将使更多的新朋变成老友，成为长久的合作伙伴。我们热切地期待着新老朋友、各路客商牵手××、投资××、发展××，共同创造灿烂美好的明天。

现在我提议：让我们共同举杯，为××的兴旺发达；

为我们的友谊地久天长；

为各位的身体健康、事业兴旺，干杯！

范文在线赏析二：招商引资酒会祝酒辞

【场合】招商引资酒会

【人物】县领导、商界嘉宾

【致辞人】县委书记

尊敬的各位来宾。女士们、先生们：

晚上好！

灯火璀璨，其乐融融。为了加深了解、增进友谊、加强合作、共谋发展，我们带着××人民的深情厚谊来到了中国改革开放的摇篮——××，与××实业界的各位朋友欢聚一堂，举杯畅饮。在此，我代表中共××县委、××县人民政府对你们的光临表示最热烈的欢迎！对你们长期以来的关心和支持，表示最衷心的感谢！

××地处……

××交通便捷，能源充足，政策优惠，软环境良好。

……

我们深知××目前经济还相对滞后，开发尚处于起步阶段，但是差距蕴藏着潜力，压力激发出动力，我们坚持开明、开放的理念，带着诚信走出来，宣传××，推介××；我们带着诚信请进去，心系企业，服务企业。我们宣传自己，绝不夸大其词。我们向各位推介的项目，没有水分，我们服务企业，绝不做表面文章。凡是承诺，都将认真兑现。凡是服务，都将尽心竭力。凡是投诉，都将及时受理，以此回报投资××的所有客商。

各位来宾，各位朋友，××是投资热土，是创业乐园。××人民诚实勤劳，××政府开明务实。我们热忱欢迎有识之士前来××投资开发，我相信，你们超前的眼光，睿智的判断，一定会得到可喜的回报。对此，我们满怀信心，共同期待！我们也真诚地欢迎各界人士牵线搭桥，携手前进，共创美好未来。

最后，恭祝大家财源广进！生意兴隆！身体健康！万事如意！干杯！

谢谢大家！

商务祝酒辞盘点

感谢您在过去一年里对我工作的支持，希望您在新的一年里万事如意，心想事成！

在人生的道路上，让我们借助友谊的翅膀飞翔，迎着朝阳、彩云、希望、理想！

紧紧围绕“服务、发展、提升、和谐”八字方针，深入贯彻落实科学发展观，办好自己的工厂、做大自己的生意，为发展中国特色的社会主义，促进社会和谐，作出更大贡献。

团结一致，友爱互助、为建设和谐商会而共同努力！

今天，我们在此欢聚一堂，共迎盛会，重叙友情，结识新朋，寻求商机，共谋发展。

积极洽谈合作，寻找发展商机，与我们携手，共同开创崭新篇章。

信用是无形的力量，也是无形的财富。

信任是开启心扉的钥匙，诚挚是架通心灵的桥梁。

精诚合作离不开“真诚”二字。你的真诚让我感动，愿我们都以真诚求真诚。

寻找每一次真诚，感受每一份真情！我愿与您鼎力合作，共同飞向事业的顶峰！

给我一个机会，一定还你一个惊喜。我坚信我们一定能够合作愉快。